国家骨干院校重点建设专业校企合作教材

Qiche Xiaoshou Yewu Shixun Jiaocheng

汽车销售业务实训教程

王海峰　主编
张　锐　主审

人民交通出版社

内 容 提 要

本书是高等职业院校汽车技术服务与营销专业教材。本书主要内容包括汽车销售准备、前台接待服务、客户需求分析、车辆展示、试乘试驾、报价与签约、新车交付与售后跟踪服务共8个项目。

本书可供高等职业院校汽车技术服务与营销专业、汽车评估与鉴定专业教学使用。

图书在版编目(CIP)数据

汽车销售业务实训教程/王海峰主编. —北京:人民交通出版社,2013.2

国家骨干院校重点建设专业校企合作教材

ISBN 978-7-114-10429-9

Ⅰ.①汽… Ⅱ.①王… Ⅲ.①汽车-销售-高等职业教育-教材 Ⅳ.①F766

中国版本图书馆CIP数据核字(2013)第041476号

国家骨干院校重点建设专业校企合作教材

书　　名:汽车销售业务实训教程

著 作 者:王海峰

责任编辑:卢仲贤　任雪莲　于　佳

出版发行:人民交通出版社

地　　址:(100011)北京市朝阳区安定门外外馆斜街3号

网　　址:http://www.ccpress.com.cn

销售电话:(010)59757973

总 经 销:人民交通出版社发行部

经　　销:各地新华书店

印　　刷:北京交通印务实业公司

开　　本:787×1092　1/16

印　　张:5

字　　数:112千

版　　次:2013年2月　第1版

印　　次:2013年2月　第1次印刷

书　　号:ISBN 978-7-114-10429-9

定　　价:18.00元

序

2010年青海交通职业技术学院跻身于全国高职院校“百强”行列，成为西北地区唯一一所交通运输类国家骨干高职院校。汽车运用技术专业群是国家骨干高职院校重点建设项目之一。

本套教材基于汽车运用技术专业“厂校融通、项目引领、三段递进”312人才培养模式，结合现代职业教育理念，以一汽大众汽车、北京现代汽车、丰田汽车、奇瑞汽车四种车系为基础，系统地、科学地将四种品牌汽车知识、新技术、操作规范及在专业中的应用技能进行了整合，引导学生在掌握基本的汽车理论基础后，结合实际的职业岗位能力要求，进行四种车系专项技能学习。

本套教材的内容是在企业调研的基础上，吸收高职高专课程体系改革的先进理念，结合专业特色进行整合的共享型资源，具有较强的指导性、应用性。

本套教材是在多年贯彻“工学结合、校企合作”人才培养模式的教学改革经验的基础上，以职业能力培养为目标，由企业技术人员和学校教师共同编写，体现了学校教学和企业实践的有机统一，传统工艺和现代技术的有机融合，并严格贯彻最新标准、规范、工艺和规程要求。编写过程中注重特定教学对象的认识能力和认知规律，采用图文结合的形式，力求直观明了，提供一种提高学生职业素养和职业能力的解决方案，切实做到了理论够用、重在实践。

本教材的主要特点是：

1. 从企业的需要出发，重塑教学目标

本教材是从企业的需要及学生的职业发展出发，让学生通过品牌汽车专门化学习，能够切实找到自己的职业发展方向或者是能较好地适应未来企业的用人需要。

2. 从人才培养的目标出发，重整教学内容

汽车技术涉及的品牌、范围、层面、内容非常广泛，本教材以丰田、一汽大众、奇瑞和北京现代四种车系基本知识为基础，以面向高职学生的技能实务为主线，把握重点、落到实处。

本教材在编写过程中，参考了近5年来不同版本的本科、专科及中职相关教材、教学参考资料及相关车系4S店提供的信息资料，在此谨向各位参考文献的编写专家及提供信息资料的相关个人、部门表示衷心的感谢。

青海交通职业技术学院

国家骨干院校重点建设专业校企合作教材编审委员会

汽车运用技术专业建设委员会

2012年12月

前　言

本教材根据我国高职高专教材改革的思路和教学基本要求，结合高职高专“高技能应用型人才”的培养目标，配合青海交通职业技术学院骨干校建设项目、青海省专业提升产业能力汽车技术服务与营销专业建设项目，充分考虑汽车专业学生的实际特点，立足于高职高专学生，重视理论与实践的结合，坚持以“应用为目的，以必须、够用为度”的原则，结合4S店的销售流程，强调知识点和技能的同步培养。在编写思路上主要以4S店的基本销售流程为切入点，具有以下特色。

1. 培养学生掌握汽车、企业、品牌的基本知识，对企业文化、汽车文化有一定的理解，为整车销售做好准备。

2. 培养学生按照正确的销售流程面向客户服务的能力，掌握接待的基本礼仪与规范，能对不同群体的客户需求进行需求分析，以正确的顺序及合适的方法向客户展示车辆各个角度的技术及特点，进一步挖掘客户需求，引领客户驾乘体验，掌握报价的技巧及签约的工作内容，按照服务规范向客户交付新车，并能及时回访客户，进行售后跟踪服务。

3. 培养学生认真负责的工作态度和一丝不苟的工作作风，培养学生的创新精神和团队精神，同时也为学习相关后续专业课提供必要的预备知识。

《汽车销售业务实训教程》是汽车技术服务与营销专业的核心课程之一，包括汽车销售准备、前台接待服务、客户需求分析、车辆展示、试乘试驾、报价与签约、新车交付与售后跟踪服务共8个项目。

本教材是集体劳动的成果，由王海峰担任主编，张锐担任主审。参加本书编写的还有：马文斌、郭文彬、蔡月萍。

本教材在编写过程中参阅了相关汽车营销和汽车4S店经营管理的书籍和文献，在此，谨向有关作者致以诚挚的谢意。同时，许多汽车经营和销售企业也对本教材的编写提出了很多宝贵意见和建议，在此表示衷心的感谢。

由于编者水平有限，加上中国汽车市场发展迅速，教材中难免有不妥和错误之处，恳请广大读者批评指正。

编　者

2012年10月

目　录

项目一　销售准备

任务一　着装礼仪

一、项目说明

汽车销售人员的仪表礼仪不仅表现了销售人员的外部形象，也反映了销售人员的精神风貌。在展厅销售中，销售人员能否赢得顾客的尊重与好感，能否得到顾客的承认与赞许，“先入为主”的第一印象非常关键，而礼仪正是构成第一印象的重要因素。

二、实训教学目标

1. 知识目标

(1)汽车营销人员的着装理念。

(2)汽车营销人员的着装要点。

(3)西装和套装的穿着要点。

2. 技能目标

(1)了解各种汽车营销企业对营销人员的着装要求。

(2)熟悉汽车营销岗位对着装的定位。

(3)掌握汽车营销人员着装的基本技巧。

三、实训任务描述

公司新车型上市，根据各销售顾问已经掌握的客户信息，向新老客户发出邀请，来店参加新车到店接车活动，并安排部分客户进行新车试驾，体验新车性能。

任务流程或要求：

(1)建立客户档案，甄选客户信息，确定邀请名单。

(2)电话预约或寄发邀请函。

(3)制订详细的工作计划。

(4)资料及物品准备。

(5)任务安排与人员分工。

四、知识准备

1. 个人仪表美的三个层次

个人仪表美是一个综合概念，它包括以下三个层次的含义。

(1)人的容貌、形体、仪态的协调美，是一种先天的仪表美。如体格健美匀称、五官端正、身体各部位比例协调、线条优美和谐,这些先天的生理因素是仪表美的第一要素。

图 1-1　个人仪表示范

(2)经过修饰打扮以及受后天环境的影响形成的美,是仪表美的一种体现。天生丽质并不是每个人都能够拥有的,而仪表美却是每个人都可以去追求和塑造的,即使天生丽质也需要用一定的形式去表现。无论一个人的先天条件如何,都可以通过化妆、服饰、外形设计等方式来表现自己的仪表美。

(3)淳朴高尚的内心世界和蓬勃向上的生命活力也是仪表美的一种体现,且是仪表美的本质。真正的仪表美是内在美与外在美的和谐统一,慧于中才能秀于外。一个人如果没有道德、情操、智慧、志向、风度等内在美作为基础,那么,再好的先天条件,再精心的打扮,也只能是一种肤浅的美、缺少丰富深刻内涵的美,不可能产生魅力。因此,一个人的仪表是内在美的一种自然展现。

个人仪表示范如图 1-1 所示。

2. 个人着装的四个原则

(1)整体性原则。

着装要能与形体、容貌等形成一个和谐的整体美。服饰整体美的构成因素是多方面的,包括:人的形体和内在气质,服装饰物的款式、色彩、质地,着装技巧及着装环境等。

(2)个性原则。

着装的个性原则中的“个性”不单指通常意义上的个人性格,还包括个人的年龄、身材、气质、爱好、职业等因素在外表上的反映所形成的个人特点。

因此,选择服装时要依据个人的特点来选,能与个性融为一体的服装才会使人自然生动,才能烘托个性、展示个性,保持自我以别于他人;只有当服饰与个性协调时,才能更好地通过服饰塑造出更佳形象,展现出良好的礼仪风范。

(3)TPO 原则。

TPO 原则指的是着装应与时间(Time)、地点(Place)、场合(Occasion)相配的原则。具体的内容这里不详述,读者可参阅相关文献。

(4)整洁原则。

在任何情况下,服饰都应该是干净整齐的。衣领和袖口处尤其要注意不能污渍斑斑。服装应该是平整的,扣子应齐全,不能有开线的地方,更不能有破洞,内衣亦应该勤换洗,特别是西服衬衫,应非常洁净。

皮鞋应该经常保持鞋面光亮,一旦落上灰尘要及时擦去(这事当然不要在人前做)。袜子要经常洗换,保持清洁。

个人着装示范见图 1-2。

图 1-2　个人着装示范

3. 汽车营销人员男士着装规范

1)男士正装的五个特征

(1)三色原则。

男士身上的色系不应超过三种,很接近的色彩视为同一种。

(2)有领原则。

(3)纽扣原则。

正装应当是纽扣式的服装，拉链服装通常不能称为正装。

(4)皮带原则。

男士的长裤必须是系皮带的，即便是西裤也必须系皮带。

(5)皮鞋原则。

最经典的正装皮鞋是系带式的。

2)男士领带打法

(1)亚伯特王子结。

适用于质地柔软的细领带以及搭配扣领及尖领衬衫，由于要绕三圈，因此领带切莫选择较厚的质地。

(2)温莎结。

因温莎公爵而得名的领带结，是最正统的领带系法，打出的结呈正三角形，饱满有力，适合搭配宽领衬衫，用于出席正式场合。切勿使用面料过厚的领带来打温莎结。

(3)四手结。

通过四个步骤就能完成打结，故名为"四手结"，它是最便捷的领带系法，适合宽度较窄的领带，搭配窄领衬衫，风格休闲，适用于普通场合。

(4)平结。

与四手结的系法相似，领结呈斜三角形，适合搭配窄领衬衫。

男士着装示范见图1-3。

图1-3　男士着装示范

3)常见的正装体现

(1)衬衫+西服+领带+西裤+皮鞋。

(2)在夏天只穿着衬衫和西裤也是正装的体现。

(3)立领的中山装样式西服也属于正装范畴。

4)穿西装应注意的问题

要拆除衣袖上的商标，衣服要熨烫平整，要扣好纽扣，要不卷不挽袖口，西装内要慎穿毛衫，要巧配内衣，口袋要少装东西。

4.汽车营销人员女士着装技巧

在4S店展厅工作的营销人员，以西服套裙和套装为主，在套装的选择上首先应注重面料，最佳面料是高品质的毛和亚麻，最佳的色彩是黑色、灰色、棕色、米色等单一色彩。目前，展厅营销人员的套装都是统一定制的。

1)汽车女营销人员穿着需要注意的问题

(1)忌穿着无袖、透亮、领口过低和怪异的上衣。

(2)忌穿超短裙、牛仔裙或带穗的休闲裙。

(3)忌穿过瘦的裤子，也不得穿吊脚裤。

(4)忌穿颜色过于鲜艳、露脚趾的鞋。

(5)忌鞋跟太高或太细，不穿有破损的鞋。

(6)忌穿带花、白色、红色或其他鲜艳颜色的袜子。

(7)忌长筒袜破损。

2)胸卡(牌)佩戴

汽车营销人员每天要求佩戴经过汽车生产厂家销售部门认证颁发的统一胸牌上岗。佩戴胸牌时要求位置正确,即胸牌在左胸前,不能随意戴在衣领、衣袖、后裤兜等处。

营销人员女士着装示范见图 1-4。

五、着装礼仪练习

1. 领带的打法练习(图 1-5)

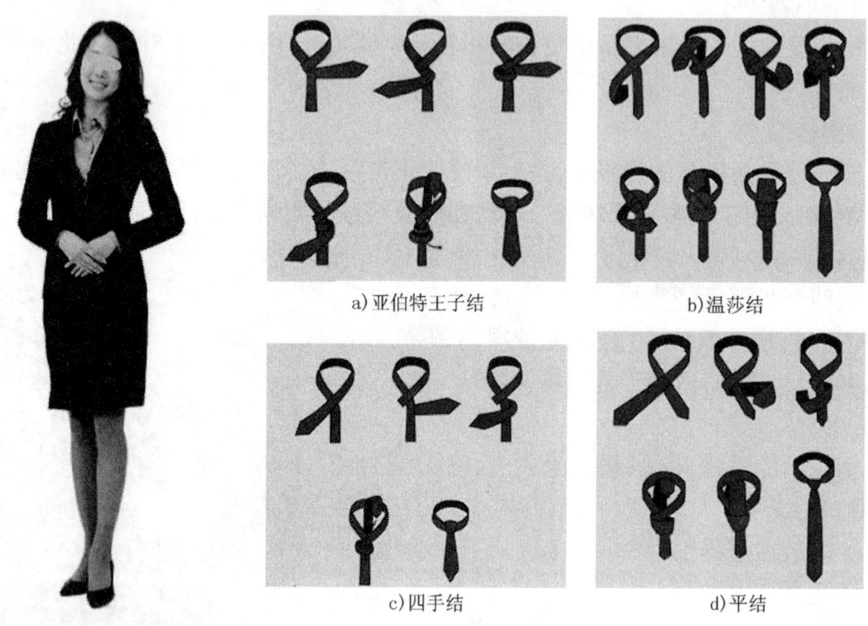

图 1-4　营销人员女士着装示范

图 1-5　领带打法

2. 着装训练

六、实施步骤

1. 领带打法练习流程(图 1-6)

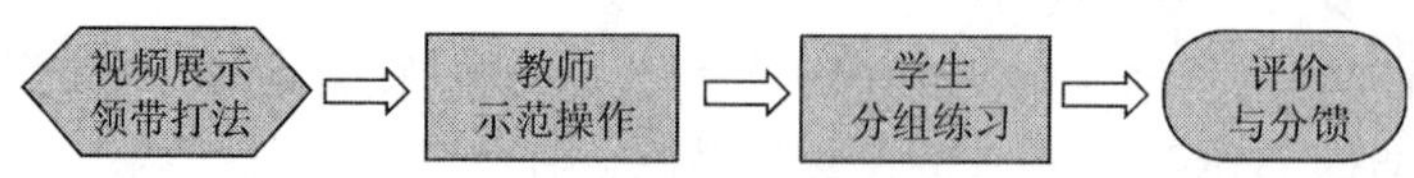

图 1-6　领带打法练习流程

2. 着装练习流程(图 1-7)

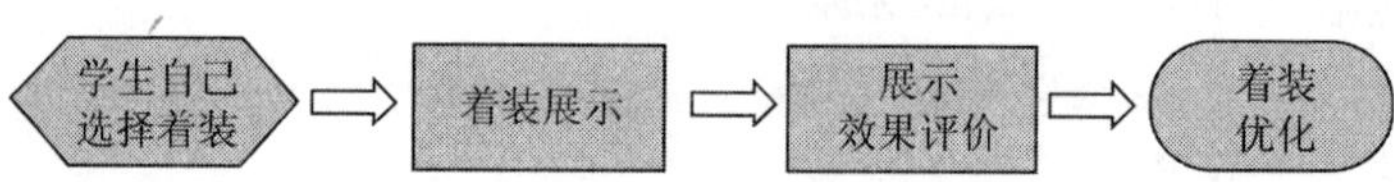

图 1-7　着装练习流程

七、评价反馈(表1-1)

表1-1

检验项目	评价标准	小组评价	教师评价
练习参与程度	积极参与(3)\参与(1)\不参与(0)		
着装与领结效果	非常好(3)\较好(1)\不理想(0)		
评论	非常到位(3)\到位(1)\不到位(0)		
协作能力	配合默契(3)有配合(1)\不配合(0)		
综合评定结果			

任务二　汽车销售业务流程

汽车销售流程合理与否和汽车销售业绩的好坏直接决定着企业的利益。面对激烈的市场竞争,销售人员不规范的行为,会直接导致销售业绩不佳和客户的流失。其中很多客户是因为对企业的销售和服务不满意而流失的。

在对世界汽车行业影响比较大的公司进行市场调研时发现,有相当一部分企业的良好业绩是基于汽车销售的规范流程。因此,规范汽车的销售流程、提升销售人员的营销技能和客户满意度,成为当今各汽车公司以及各4S店的追求。本任务以销售技巧和规范的销售流程为中心,以客户需求而不是以产品为导向,系统地讲述当今汽车市场需要规范的销售流程和管理,介绍汽车销售流程的各环节。

汽车销售流程从客户开发一直到最后的售后跟踪,共有九个环节。下面分别介绍汽车销售各个环节的概况。

1. 客户开发

客户开发是汽车销售的第一个环节。这一环节主要关注如何寻找客户及在寻找客户过程当中应该注意的问题。

2. 客户接待

在客户接待环节,主要关注接待礼仪,获得客户资料,引导客户。

3. 需求咨询(分析)

需求咨询也叫需求分析。在需求分析时要以客户为中心,以客户的需求为导向,介绍符合客户实际需要的汽车产品。

4. 绕车介绍

对客户有意向的汽车产品整车的各个部位进行互动式的介绍,将产品的性能、功能亮点展示给客户,引导客户进入到下一个环节。

5. 试乘试驾

试乘试驾是对第四个环节的延伸,客户可以通过试乘试驾的亲身体验和感受逐一确认对产品感兴趣的地方,充分了解汽车产品的优良性能和便捷的使用功能,从而增加客户的购买欲望。

6. 异议处理

这一环节的主要任务是解决问题。消除客户在购买时的疑惑,对客户的不同意见给出自己的建议，引导客户进入下一环节。

7. 成交资讯

在成交资讯中，主要是汽车销售人员在即将成交的这个环节上所面临的问题。

8. 交车服务

第八个环节是交车服务。交车是指成交以后，要安排把新车交给客户。在交车服务里我们应具备规范的服务行为。

任务三 认 识 车 辆

1. 汽车主要参数

(1)外形尺寸：长×高×宽。

(2)质量参数：整车自重(kg)、总质量(kg)、载质量(kg)、空载轴荷分配等。

(3)通过性及机动性参数：最小离地间隙(一般为驱动桥壳最低点与地面之间的距离)、前悬、后悬。

(4)容量参数：载质量、座位数、货厢容积、行李舱容积、燃油箱容积等。

(5)性能参数：发动机最高转速、最大爬坡度、起步加速时间、各挡加速时间、百公里油耗量、制动距离等。

2. 车身外部名词

1)质量参数

(1)整车自重：没有加载任何燃料之前的裸车质量。

(2)整车整备质量：新车下线配齐各种附件后的总质量，包括灭火器、千斤顶、润滑油、燃料、随车工具、备胎等所有装置的质量。

(3)最大装载质量(总质量)：汽车在道路上行驶时的最大装载质量。

汽车总质量 = 整车整备质量 + 驾驶员 + 乘员 + 行李质量

2)车型类别

两厢车型、三厢车型、MPV 车型、SUV 车型如图 1-8 ~ 图 1-11 所示。

功能标志(表 1-2)。

车型类别功能标志　　表 1-2

符号	显示颜色	标志意义	符号	显示颜色	标志意义
	绿色	灯光总开关		黄色	燃油液面高度指示器和警报信号装置标志
	蓝色	前照灯远光操纵件	− +	红色	蓄电池充电指示器和警报信号装置标志
	绿色	前照灯近光操纵件		红色	发动机冷却液温度指示器和警报信号装置标志
	绿色	位置灯操纵件	(P)	红色	驻车制动器处于制动状态信号装置标志
	绿色	前雾灯操纵件			后风窗玻璃刮水器操纵件

续上表

符　号	显示颜色	标 志 意 义	符　号	显示颜色	标 志 意 义
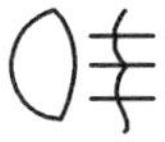	黄色	后雾灯操纵件	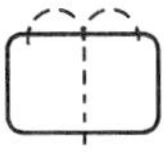		后风窗玻璃洗涤器操纵件
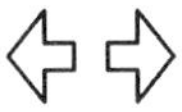	闪烁绿色	转向指示灯操纵件	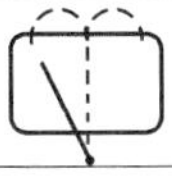		后风窗玻璃刮水器及洗涤器组合操纵件
	红色	危险报警灯操纵件			喇叭操纵件
		前风窗玻璃刮水器操纵件		红色	安全带操纵件及警报信号装置标志
		前风窗玻璃洗涤器操纵件		红色	机油压力指示器和警报信号装置标志
		前风窗玻璃刮水器及洗涤器组合操纵件	 ABS	黄色	制动防抱系统故障信号装置标志
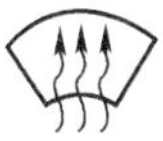	黄色	前风窗玻璃除霜和除雾操纵件		黄色	电喷发动机系统故障信号装置标志
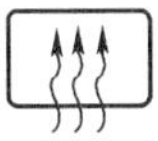	黄色	后风窗玻璃除霜和除雾操纵件	SRS	黄色	安全气雾故障信号装置标志
	红色/黄色	风扇(暖风/冷风)操纵件		红色	车门未关好警报信号标志
	红色	制动系统故障信号标志			

图 1-8　三厢福克斯

图 1-9　两厢福特 ST

图 1-10　大众途安 MPV

图 1-11　长城哈弗 H6　SUV

3)电子系统

(1)ABS(Anti-lock Brake System);

(2)EBV(D)(Electronische Bremsenkraft Verteiler);

(3) ESP (Electronic Stability Program);

(4) ASR;

(5) DSG;

(6) SRS;

(7) SOHC (Single over Head Camshaft);

(8) DOHC,其中 D 是 double。

汽车排放的污染物主要有:

一氧化碳(CO)、碳氢化合物(HC)、氮氧化合物(NO_x)、微粒物(PM)、硫化物等。

项目二 前台接待

一、项目说明

汽车4S店的前台接待工作对维护品牌形象、提高客户满意度起着关键性的作用,因此前台接待是销售流程的重要环节,其主要目的是充分展现FTMS的品牌形象和“顾客第一”的服务理念;建立顾客的信心,为销售服务奠定基础;消除顾客的疑虑,为引导顾客需求做好准备;通过良好的沟通,争取顾客能再次来店。

二、项目准备

前台接待是企业的窗口,服务质量的高低,往往决定了未来顾客与企业的关系,同时前台接待对提高客户满意度起着关键性的作用。因此为了做好前台接待,在前台接待之前准备的项目有以下几个方面:

(1)销售人员严格规范接待礼仪,制度化。

(2)销售人员主动积极地应对顾客,使顾客感到满意。

(3)销售人员掌握销售接待工作的标准流程。

自选一款市场上的在售车型,了解其性能参数、技术特点,在与客户进行沟通时进行简单介绍。

三、实训教学目标

(1)明确店内接待在标准销售流程中的目的和意义。

(2)了解店内顾客接待的主要流程与标准。

(3)掌握店内接待过程中提升顾客满意(CS)的关键行为。

(4)体现实施标准与关键行为所需的技巧。

(5)通过演练店内接待的关键行为,提升CS。

①按照接待流程和公司礼仪要求接待来访客户,确保客户满意度。

②按照销售顾问值岗情况做好客户接待、引导和分流工作。

③做好进店客户信息登记与分配记录。

④做好现场客户茶点饮品服务。

⑤按时提交展厅流量报表。

四、实训设备及工具

一名顾客和一名前台接待人员,电话两部,能上网的电脑两台,《来店顾客调查问卷》,AC卡。

五、教学组织

1. 教学组织形式

将全班同学每2人分为一组,1名学生扮演前台接待人员,1名学生扮演顾客。通过前台接待人员与顾客的沟通,为引导顾客需求做好准备,然后2名学生交换角色进行训练。教师对全过程进行监控。

2. 学生分工和要求

1名学生扮演前台接待人员,1名学生学生扮演顾客,按照前台接待的工作流程进行训练。

3. 实训教师职责

讲解实训步骤和注意事项,按照前台接待的关键工作流程进行检视、指导和纠正错误。

4. 学生职责变换

1名学生扮演顾客角色,另外1名学生接替扮演前台接待人员的角色。10名学生依次进行。

六、工作流程

店内接待的流程如下。

1. 顾客接待的准备

(1)销售人员穿着FTMS订制的制服,保持整洁,佩戴铭牌。

(2)每日早会销售人员互检仪容仪表和着装规范、自行检查销售工具夹内的资料是否及时更新、每日早会设定排班顺序,制订排班表。

(3)销售人员从办公室进入展厅前,应在穿衣镜前自检仪容仪表和着装,同时销售人员都配有销售工具夹,与顾客商谈时需随身携带。

(4)接待人员在接待台站立接待,值班销售人员在展厅等候来店顾客。

2. 顾客来店时

(1)值班保安人员着标准制服,对来店顾客问候致意,向客户说声:"您好!",并指引展厅入口。若顾客开车前来,值班保安人员应主动引导顾客进入顾客停车场停车。

(2)顾客来店时,值班销售人员应至展厅门外迎接,点头、微笑,主动招呼顾客。"您好,欢迎光临!"。

(3)销售人员应随身携带名片夹,第一时间向顾客介绍自己,并递上名片,请教顾客的称谓。"我是这里的销售顾问小李,这是我的名片,请问您如何称呼?"

(4)销售人员应引导顾客进入展厅,店内所有员工在接近顾客至3m内时都应主动问候来店顾客(全员参与)。若雨天顾客开车前来,应主动拿伞出门迎接顾客。

(5)销售人员主动询问顾客来访目的,"高先生,请问有什么可以帮忙的?"

按照顾客意愿请顾客自由参观浏览,明确告知可随时招呼身旁的销售人员。"高先生您好,您请随意参观,有事请随时招呼我。"

3. 顾客自己参观车辆时

与顾客保持5m的距离,在顾客目光所及的范围内关注顾客动向和兴趣点,并主动询问:"高先生您好,请问您有什么问题?"或者"高先生您好,请问您对我们的FTMS商品有兴趣吗?"

4. 请顾客入座

销售人员向顾客提供免费饮料(3种以上),主动邀请顾客就近入座,座位朝向顾客可观赏感兴趣的车辆;征求顾客同意后入座于顾客右侧,保持适当的身体距离。

"高先生您好,您请坐,我们这里为您提供了三种免费饮料,请问您喜欢喝××吗?"

"真高兴您到我们展厅看车,也给我这个机会与您聊聊。请您给我几分钟时间,谈谈您对汽车的需求与要求,然后也让我有个机会给您介绍一下这些我最爱的丰田车,您看行吗?"

5. 顾客离开时

(1)销售人员送顾客至展厅门外,微笑、目送顾客离去(至少5s时间),并向顾客说再见:"高先生,请将您的随身物品携带好,感谢顾客惠顾,热情欢迎再次来店!"

(2)值班保安人员:"先生,再次感谢您来店,欢迎再度光临!"

(3)若顾客开车前来,陪同顾客到车辆边,感谢顾客惠顾并道别:"高先生,欢迎再度光临!"。

(4)值班保安人员提醒顾客道路状况,指引方向,若出口位于交通路口,则保安人员引导车辆到主要道路上。"先生,请您走好,注意交通安全!"

6. 顾客离去时

整理顾客信息,填写《来店(电)顾客登记表》及AC卡。

7. 电话应对

(1)电话应对——打出电话

①做好打电话前的准备工作,尤其是了解顾客资料和信息。

②接通电话后先表明自己的身份,并确认对方身份。"您好,我是一汽丰田经销店的销售顾问小李,是高先生吗? …您上次……"

③电话结束时,感谢顾客接听电话,待对方挂断电话后再挂电话,记录顾客信息和资料。"谢谢您!"

(2)电话应对——接听电话

①电话铃响3声之内接听电话,微笑应对;主动报经销店名称,接听人姓名与职务。"您好,一汽丰田经销店,销售顾问李××,请问有什么可以帮到您的?"

②在电话中明确顾客信息,包括联络方式、跟踪事项等,并适时总结。填写《来店(电)顾客登记表》,记录顾客信息。

③结束时感谢顾客致电,并积极邀请顾客来店参观。待对方挂断电话后再挂电话。"感谢您的来电!再见!欢迎您再度光临!"

七、角色演练结束后

(1)针对前台接待,简要总结一下前台接待过程的关键技巧。

(2)记录《来店顾客调查问卷》,建立客户档案。

(3)通过良好的沟通,争取顾客能再次来店。

八、考核标准(表2-1)

表2-1

检验项目	评价标准	小组评价	教师评价
介绍流程	介绍流程每个方位正确记1分,共6分		
前台接待的技巧	正确(3)\基本正确(2)\错误较多(1)		
讲解精彩度	非常精彩(3)\精彩(2)\还可以(1)		
熟练度	非常熟练(3)\熟练(2)\不太熟练(1)		
综合评定结果(满分15分)			

【案例】

1. 顾客预约

××××年×月×日，Husband 打电话到东风本田汽车销售服务公司预约时间看车。

R："喂，您好，这里是东风本田汽车销售服务公司，请问有什么能为您服务吗？"

H："您好，我想为我太太买一辆车，想抽时间过去看一下。"

R："先生，您真是选对时间了，我们公司刚刚推出新款车型，绝对值得您前来选购。"

H："那你们什么时候有时间，我跟我太太过去看一下。"

R："哦，我们从上午 8 点半到下午 5 点都属于营业时间，您和您太太哪天有空余时间，在这个时间段随时都可以过来。"

H："那就明天下午 3 点吧。"

R："好的，先生您贵姓？"

H："免贵姓连。"

R："连先生，您好，我确认一下，您和您太太将于明天下午 3 点过来看车，对吗？"

H："是的。"

R："好的，即时我们将会安排专业人员为您服务。"

H："恩，谢谢。再见！"

R："再见。"

2. 顾客进门，前台引领

H、W 如约到达东风本田 4S 店，R 核对预约，将顾客介绍给 SA。

R 站在门旁，H、W 走进大门。

R："欢迎光临，请问有什么可以为您们服务的吗？"

H："我们昨天打电话预约过，今天下午 3 点来看车，敝姓连，这是我的名片。"

R："连先生，连太太，您们好，我们已经安排好工作人员为两位服务，请两位随我来。"

H："好的。"

R："两位这边请。"

R 将顾客领到 SA 处，作介绍。

R："这位是我们店的销售助理李诗隽小姐，这两位是昨天预约的连先生、连太太。"

3. 助理接待，顾客试车

SA 向连太太介绍 C－RV 和 CIVIC，连太太喜欢 CIVIC 并决定试车进一步商讨。

SA 起身迎接，掏出名片给 H、W。

SA："您们好，很高兴为您们服务，请坐。"入座。"请问有什么可以帮到您们吗？"

H："我想买辆车给太太用。"

SA："呵呵，连先生真体贴。那么，连太太喜欢什么车型呢？"

W："嗯，我也不太清楚，可以带我们四处看看吗？"

SA："当然，连先生、连太太这边请。"

引路到展区。

SA："这边是我们的 C-RV 展区，分都市、经典、尊贵、豪华四个系列，C-RV 兼顾家庭和商务、工作与休闲的需求，开创了 SUV 领域的全新概念。"

W："哇，那辆车真酷！"

SA："W 的眼光真好，这辆是我们的 09 新款，配置更加先进、时尚。"

H:“这款车虽然很气派,但是不太适合我太太,太狂野了。而且很多性能我们都用不上。”

SA:“是吗? 那么,连太太一般会用车去什么地方呢?”

W:“平时上下班、购物或者去健身都会用到。”

SA:“哦,请问想买什么价位的车呢?”

H:“买10万左右的吧,这价钱,也能买到舒适大方的车呢。”

SA:“连先生对车挺了解的。针对你们的要求,我觉得新思域会比较适合连太太,请两位到这边来。”

将顾客领到新思域展区旁。

SA:“连先生、连太太,这辆是思域系列自动经典版,既秉承了思域原车型‘安’、‘环’、‘省’、‘乐’的优秀基因,经济实惠,又充满时尚气息,外型华美流畅,很适合女性驾驶。”

H、W绕着新思域看。

W:“外型真不错嘛!”

H:“先上车看看车内怎样。”

SA:“没问题,您们请到车上感受一下,这样更能体味我们汽车的特点。”

随即为H、W打开车门。

W坐进驾驶座后,SA蹲在车门旁。

SA:“请问连太太位置坐得舒服吗?”

W:“感觉还可以。”

SA:“需要调整座位吗?”

W:“不用。思域的日常保养复杂吗?”

SA:“看来连太太对思域还是很满意的,这样吧,要不我们坐下来谈谈,我们销售主管可以为您们作一个全面的介绍。”

W:“好啊。”

W下车。

SA将H、W领到SD会客厅。开门,退出。

4. SD洽谈,签约送客

SD向顾客介绍新思域的具体性能,双方就价格问题进行协商,最后交易达成。

SD起身迎客,自我介绍。

SD:“您们好! 我是东风本田汽车销售服务公司销售部主管殷婷,这是我的名片,请笑纳!”

H:“殷主管,你好!”

SD:“两位这边请,我们可以坐下详细谈谈。”

入座。

SD:“刚才我已经了解到两位对新思域比较感兴趣,这是相关资料,您们可以参考一下。”

递送新思域自动经典版的相关资料。

R敲门进入,送茶水后离开。

SD指着图片介绍,说:“新思域车身线条连贯而华美。车尾一笔收起,流畅有致。车灯格式纯直而明确,没有任何拖泥带水,是本田车的点睛之笔。车尾明显内凹的曲线配合LED刹车灯非常符合车体的侧面曲线,给人强烈的视觉冲击,很有些轿跑车的风范。”

W:“的确很漂亮,富有时代元素,仅是看着我就觉得动感十足!”

H:“那车内设计如何？驾驶起来会不会不舒服?”

SD:“请您放心,新思域的仪表采用两段式分离的设计,符合人体工学,中控采用不对称设计,是以倾向驾驶员的主体设定,能够保证行车过程中的安全与舒适。”

H:“嗯,既美观又安全,很实用呢！那么,这款车售价多少?”

SD:“这款新思域自动经典型全国统一售价 13.78 万元。”

W:“思域已经是老品牌了,怎么要价这么贵啊?”

SD:“这款车是我们 2009 年刚刚升级上市的,与原版思域相比,有 19 项技术改进与升级,性价比高,绝对是您在现有价格能买到的最好车型了。”

W:“还是太贵了,我们的预算是 12 万。”

SD:“价钱是由总部统一规定的,不能擅自更改,但是我们公司可以赠送您一些汽车配件,包括倒车雷达、车载 DVD 和汽车尾翼,绝对物超所值!”

W:“不能再优惠一些吗？很快就十一了,没什么促销活动吗?”

SD:“连太太还真会讲价呢！这样吧,我们可以为您提供 3 个月的免费护理服务,此外,如果您现在就预定此车,我们将免费为您更换真皮座椅。您觉得可以吗?”

W:“这样到挺划算的,你觉得呢?”

H:“还可以。有没有现车？现在买什么时候能提车?”

SD:“预定后,需要一个半月以后才能提车。”

H:“那好,我们现在就定了。”

SD:“好的,这是汽车销售合同,请两位过目。”

H、W 看合同。

SD:“两位对合同的细节还有什么问题吗?”

H(W):“没有。”

SD:“请在这里签字。”

H 签字。

SD:“请问是现在付款吗?”

H:“是的。”

SD:“那请两位跟我到财务处办理相关手续吧。这边请。”

SD 将证件、合同交予 SA 办理手续,H 填写资料。

SD:“连太太,办理手续可能会花一点时间,如果不介意的话,我们到休息区等吧?”

W:“好的。”

SD 领 W 到休息区坐下。

SD:“请问连太太有几年驾龄了?”

W:“已经三年了。”

SD:“那驾驶水平一定很不错吧。”

W:“还行吧,对于驾驶兴趣挺浓的。”

SD:“是吗？那太好了,我们公司月底有新车试驾活动,如果您有空,欢迎您参加,即时还有专家为您讲解新思域的日常护理。”

W:“好的,如果有时间我一定去。”

SA 打断谈话:“对不起,打扰了,手续已经办妥了。”

H:“我们走吧。”

W:“好的。”

SD 送客人离开,SA 跟随。

SD:“再次谢谢连先生、连太太光临敝店,有什么需要可以随时联系我们,东风本田永远欢迎您们! 再见!”

H:“再见!”

H、W 刚刚走出店门,R 追出来。

R:“连太太,请留步。”

拿出 W 遗落的手链。

R:“请问这是您的物品吗?”

W:“是的,是的,太感谢了!”

R:“不用谢,请慢走。”

项目三　客户需求分析

一、项目说明

客户需求分析是销售流程的重要环节，由于客户在对产品的认知过程中存在对自己的需求不确定的现象，因此销售顾问对客户的需求要进行分析，明确客户的真正需求和期望，并最终为客户提供专业的解决方案。在客户需求分析中，销售顾问应在客户心中建立专业、热忱的顾问形象，通过寒暄建立起与客户的融洽关系，收集详尽的客户信息及客户购车信息，建立准确的客户档案，掌握客户需求分析过程的关键行为和技巧，为后续销售活动打下良好的基础，提升销售的成功率。

二、项目准备

在客户需求分析中，应以客户为中心，以客户的需求为导向，为客户介绍符合客户实际需要的汽车产品。因此，为了做好客户需求分析，在客户需求分析之前应做如下准备工作：

（1）了解与客户交流的基本技巧。

（2）确定本销售店的销售情况及价格。

自选一款市场上的在售车型，了解其性能参数、技术特点及汽车文化，在与客户进行沟通时进行简单介绍。

三、实训教学目标

（1）明确需求分析在标准销售流程中的意义及目的。

（2）了解需求分析的主要标准和流程。

（3）掌握在需求分析过程中的关键行为和有关技巧，提升销售成功率。

（4）通过演练演示需求分析的关键行为和技巧，提升 CS。

四、教学组织

1. 教学组织形式

将全班同学分为 2 人为一组，1 名学生演销售顾问，以提问和倾听方式了解客户需求，1 名学生扮演顾客，通过了解客户的信息，分析客户真正的需求。然后，两名学生交换角色，进行训练。教师对全过程进行监控。

2. 学生分工和要求

1 名学生扮演销售顾问，1 名学生扮演客户，按照需求分析的流程进行训练。

3. 实训教师职责

讲解实训步骤和注意事项，按照需求分析的关键流程进行检视、指导和纠正错误。

4. 学生职责变换

1 名学生演示完毕后，扮演客户角色，另外 1 名学生接替扮演销售顾问的角色。10 名学生依次轮换角色进行训练。

五、工作流程

1. 客户及客户分类

顾客是现代市场营销中最重要的一个概念。企业的营销活动都是以顾客的需求为起点，同时又以顾客需求的满足为终点。作为汽车销售人员，正确理解汽车销售所面对的顾客，有利于提高顾客满意度，建立忠诚度高的客户群体，进而获得较多的顾客。

汽车销售企业直接面向顾客，因而更应该考虑顾客的需要和欲望，建立以顾客为中心的零售观念，将“以顾客为中心”作为一条红线，贯穿于市场销售活动的整个过程。销售企业应站在顾客的立场上，帮助顾客挑选商品货源；按照顾客的需要及购买行为的要求，组织销售；研究顾客的购买行为，更好地满足顾客的需要；更注重对顾客提供优质的服务。

1）顾客的概念

顾客的概念可以从不同的角度提出多种看法，对顾客的定义有代表意义的有：“顾客是具有特定的需求或欲望，愿意通过交换来满足这种需求或欲望的人”；“顾客是指具有消费能力或消费潜力的人”；“顾客是使用并愿意偿付产品或服务的人”。

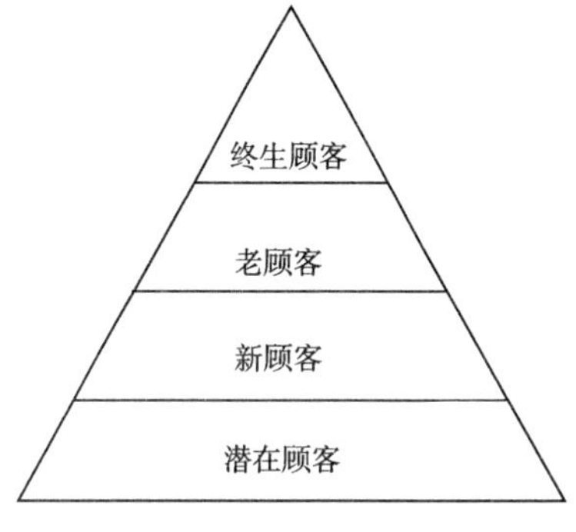

图 3-1　顾客金字塔结构示意图

顾客等级的金字塔结构，见图 3-1。

2）顾客满意与顾客忠诚

顾客满意（Customer Satisfaction）。是指顾客对一件产品满足其需要的绩效（Perceived Performance）与期望（Expectations）进行比较所形成的感觉状态。

顾客忠诚，是指客户对企业产品或服务的依赖和认可、坚持长期购买和使用该企业产品或服务所表现出的在思想和情感上的一种高度信任和忠诚的程度，是客户对企业产品在长期竞争中所表现出的优势的综合评价。

在低度竞争情况下，顾客的选择空间有限，即使不满意，他们往往也会出于无奈继续使用本企业的产品和服务，表现为一种虚假忠诚。随着专有知识的扩散、规模效应的缩小、分销渠道的分享、常客奖励的普及等，顾客的不忠诚就会通过顾客大量流失表现出来。因此，处于低度竞争情况下的企业应居安思危，努力提高顾客满意程度，否则一旦竞争加剧，顾客大量流失，企业就会陷入困境。销售的首要环节就是集客，即寻找潜在客户的过程，没有这个步骤就无法持续稳定地进行销售活动。

集客活动的过程，同时也是客户资源的争夺和获取的过程，集客活动的成败将关系到销售成败和市场占有率的高低。

在汽车销售过程中，展厅仍然是进行销售活动的主要场所，集客活动的主要目的在于通过各种集客手段和方式吸引更多的客户关注产品和经销店，进而吸引足够的客户来展厅。

集客量泛指经销商在营销过程所接触到的对其产品感兴趣的终端客户的数量，其统计来源包括来电、来店、主动出击等。

集客量与销量存在大致正向相关的关系，用公式表示即销量 = 集客量 × 留档率 × 成交率，由此可见,提升销量的一个有效措施即提高集客量。

3)客户购买行为分析

所谓顾客购买行为,概括地说,就是指人们为了满足这个人,家庭的生活需要或者企业为了满足生产的需要,购买爱好的产品或服务时所表现出来的各种行为。

顾客购买行为具有动态性、互动性、多样性、易变性、冲动性、交易性等特点。严格地说,顾客购买行为由一系列环节组成,即顾客购买行为来源于系统的购买决策过程,并受到内外多种因素的影响。顾客购买行为的复杂多变,对销售人员提出了更多、更高的挑战。对于优秀的销售人员来说,掌握顾客购买决策过程及了解影响顾客作出购买决策等各方面的因素等至关重要。

顾客购买行为的变化

(1)价值观的变化。

人们购买商品的目的,并不单纯在于商品使用上的功能与价值。这一点在年轻一代身上特别明显。在使用价值之上,使人心灵充实的、变美的、变快乐的、变新的、变珍贵的商品往往更受青睐。购买衣物是典型的例子,现在人们选择衣物的标准并非只是保暖、耐久,而是更重视其颜色、设计式样、流行性等。除了衣物,像手表,也在保证耐久性之外,更加强调新潮与时髦性。

(2)品牌忠诚度。

制造商在制成品上加上品牌,良好的品质、强势广告等都会使消费者持续性地购买商品。如果能将消费者接受的商品与销售渠道相结合,就可能确保品牌忠诚度。

但是,各品牌间的差异愈来愈小,新商品不断上市,消费者除了在品牌上寻求品质与功能的保障,更追求心理与情绪上的满足,因此,持续性购买某些品牌的人也有减少的倾向。

(3)普通意识与个性化。

因为别人有、别人使用很快乐,自己也想跟着消费,即所谓从众心理。大众传播的普及使多数人受到相同的刺激,身旁的人都买了,而自己还没买显得很不自在。一旦收入增加,也希望能模仿原来不可能的上层消费,与一般人一致就觉得比较安心。这种心态对平常的生活影响更深。

同时,由于价值观的改变,每个人亦有不同的消费特性,从而形成消费现象的多样化与个性化。但是,即使是个性化,能完全过独自消费生活的人毕竟很少,大多数人仍是在类似的商品中选择仅有少许差异的商品,而标新立异的行为仍在少数。

影响购买行为的主要因素有:

①文化因素。文化指人类从生活实践中建立起来的价值观念、道德、理想和其他有意义的象征的综合体。每一个人都是在一定的社会文化环境中成长,通过家庭和其他主要机构的社会化过程学到和形成了基本的文化观念。文化是决定人类欲望和行为的基本要素,文化的差异引起消费行为的差异,具体表现为服饰、饮食、起居、建筑风格、节日、礼仪等物质文化生活各个方面的不同特点。比如,中国人讲尊老爱幼,所以有了“再苦也不能苦孩子”的观念,这些观念也必然反映到消费上;因为“讲孝道”,一到过年过节,保健品特别畅销。

每种文化都由更小的亚文化组成,亚文化为其成员带来更明显的认同感。

社会阶层是社会学家根据职业、收入来源、教育水平、价值观等对人们进行的一种社会分类,是按层次排列的、具有同质性和持久性的社会群体,同一阶层的成员具有类似的价值观、兴趣和行为,在消费行为上相互影响并趋于一致。

②社会因素。主要包括参照群体,即对个人的态度与行为有直接或间接影响的所有群体。

主要有:直接参用群体和间接参照群体。参照群体对消费者购买行为的影响,主要有:a. 示范性。相关群体的消费行为和生活方式为消费者提供了可供选择的模式。b. 仿效性。相关群体的消费行为引起人们的仿效欲望,即影响人们的商品选择。c. 一致性。即由于仿效使消费行为趋于一致。据研究,参照群体对汽车、摩托车、服装、香烟、啤酒、食品和药品的购买行为影响较大,对家具、冰箱、杂志等影响较弱,对洗衣粉、收音机等几乎没影响。

③家庭因素。在这里,市场营销人员要研究的是,家庭成员在购买决策中的地位。一般有三种:一是丈夫支配型;二是妻子支配型;三是共同支配型。随着社会的进步,女性就业增多,妻子在购买决策中的地位越来越高,尤其在中国,许多家庭中的购买决策由丈夫支配型转变为妻子支配型。

④个人因素。包括年龄与人生阶段、职业、经济状况、个性、生活方式等,如各个年龄段的消费者所需要的商品是不一样的,小时候只能吃婴儿食品,长大后吃各种各样的食品,老年后就得吃特殊食品。人们对住房、家具、家用电器的消费也是与年龄有关的。家庭的不同阶段也影响着消费。

⑤心理因素。包括以下几个方面:

a. 动机。动机是一种升华到足够强度的需要,它能够及时引导人们去探求满足需要的目标。最流行的人类动机理论是马斯洛的需要层次论。

b. 感觉。一个受激励的人会随时准备行动,但具体如何行动则取决于他对情景的感觉程度。

c. 学习。学习是指由于经验而引起的个人行为的改变。对营销人员来说,学习理论的价值就在于,通过把产品与消费者强烈的驱使力联系起来,利用刺激性的诱因并提供正面的强化手段,来建立消费者对产品的需要。

d. 信念与态度。人们通过实践与学习获得了自己的信念与态度,信念与态度又反过来影响人们的购买行为。信念是指一个人对某些事物所持有的描述性的思想。企业应关注人们头脑中对其产品所持有的信念,即本企业产品和品牌的形象。态度,是指一个人对某些事物或观念长期持有的好与坏的认识上的评价、情感感受和行动倾向。态度导致人们对某一事物产生或好或坏的感情。

行为心理学的创始人沃森建立的“刺激反应”原理,指出人类的复杂行为可以被分解为两部分:刺激,反应。人的行为是受到刺激的反应。刺激来自两方面:身体内部的刺激和体外环境的刺激,而反应总是随着刺激而呈现的。按照这一原理分析,从营销者角度出发,各个企业的许多市场营销活动都可以被视作为购买者行为的刺激,如产品、价格、销售地点和场所、各种促销方式等。所有这些,称之为“市场营销刺激”,是企业有意安排的、对购买者的外部环境刺激。除此之外,购买者还时时受到其他方面的外部刺激,如经济的、技术的、政治的和文化的刺激等。所有这些刺激,进入了购买者的“暗箱”后,经过了一系列的心理活动,产生了人们看得到的购买者反应:购买还是拒绝接受,或是表现出需要更多的信息。如购买者一旦已决定购买,其反应通过其购买决策过程表现在购买者的购买选择上,包括产品的选择、厂牌选择、购物商店选择、购买时间选择和购买数量选择。

情景案例:

周二下午15:30,客户高先生来到汽车4S店,服务顾问李敏接待客户王先生。王先生称想买一辆自动挡的轿车。汽车服务顾问通过与客户沟通,了解客户的需求并进行分析,为客户推荐一款车型。

2. 了解客户的需求动机(图 3-2)

在汽车销售流程里,汽车销售人员要分析客户的需求,首先要了解客户的动机,而客户的动机分为两个动机:对表面的现象称之为显性动机;另一种是隐藏着的东西,称之为隐性动机。在冰山理论中会经常提到显性和隐性的部分,如图 3-3 所示。

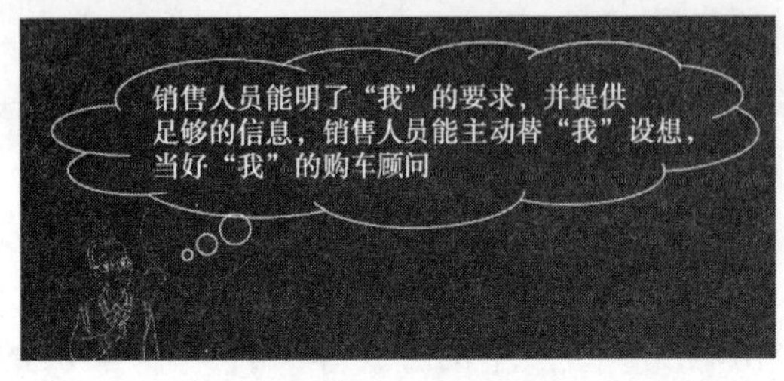

图 3-2 了解客户需求动机

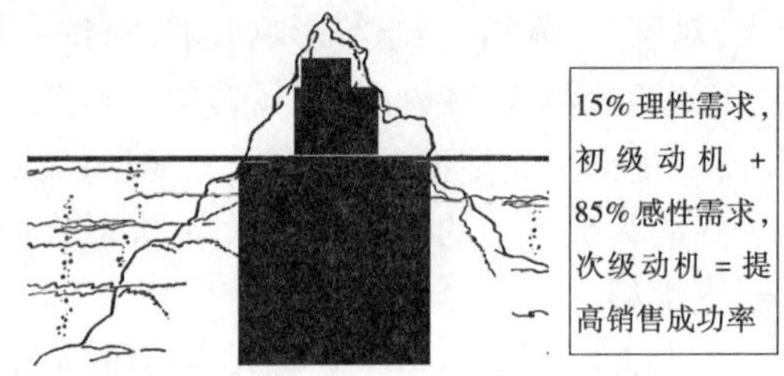

图 3-3 冰山理论

一个是在水面上的部分,还有一个是在水面以下的部分。水面以上的部分是显性的,就是客户自己知道的、能表达出来的那一部分;水面以下的是隐藏着的那一部分,就是有的客户连他自己的需求是什么都不清楚,例如,某客户打算花 10 万元钱买车,可是他不知道该买什么样的车,这个时候销售人员就要求帮助他解决这些问题。销售人员既要了解客户的显性需求,也要了解他的隐性需求,而且汽车销售顾问要知道何时是适当的时机,掌握确认顾客需求的工具、有关客户需求的具体内容,这样才能正确分析顾客的需求。

3. 收集客户需求信息

1)以提问的方式收集客户信息

汽车销售顾问应从寒暄开始,建立起与客户的融洽关系,如:"高先生您好!您看了我们刊登的广告了吗?"找到与客户公共的话题,创造轻松的氛围,与客户进行交谈,用"谁、什么、何时、何地、为什么、如何"等字句来进行提问,收集顾客个人信息。例如:姓名、电话、通信方式、家庭情况、业余爱好等。通过提问获取客户的信息:询问买方目前的状况(背景问题);买方目前存在的问题,困难或不满;关于买方难点的结果和影响问题(暗示问题);让买方告诉你,你的对策可以提供的利益,而不是你来解释(需求 - 效益问题)。

2)以倾听的方式收集客户购车信息

汽车销售顾问在仔细倾听客户的过程中应注意采用以下方法:

(1)注意与客户交流的技巧,目光凝视一点,不时与对方进行眼神交流,面部表情尽量随对方的谈话内容转变,手头不可兼做其他事,身体其他部位最好相对静止,让客户乐于与销售人员沟通。

(2)注意与客户的距离,稍侧耳,正面与对方夹角 5° ~ 10°,身体前倾,与水平夹角为 3° ~5°。综合运用倾听的六个层次:听而不闻→假装听→思路游离→有选择性地听→专注地听→积极式倾听,让客户随意发表自己的意见,从而收集客户的购车信息:目标车型、购车日期、购车用途等。

3)利用调查问卷或集客活动收集客户需求信息

汽车销售人员应详细地记录客户信息,并登录到 A 卡,建立档案,明确 AC 卡内容。汽车销售人员应利用《来店顾客调查问卷》收集并记录客户信息。

服务顾问:"高先生您好,请您告诉一下您的基本信息,我需要做来店客户调查问卷。"

客户:"好的,行。"

4. 分析并确认客户需求和期望

汽车销售人员与客户充分的沟通后，了解客户的真正需求和期望，在适当的时机并用自己的话总结与客户所谈的内容，以使客户相信汽车销售人员已经理解他(她)所说的话。

服务顾问："高先生，我简单总结一下。可以吗？……您现在买车，主要用于上下班代步，还有平时外出旅游，您看是不是这样？"

客户："我想用于上下班代步，以及平时外出旅游。"

5. 总结客户的需求信息，并推荐合适的商品

根据客户需求，汽车销售人员应主动推荐合适的商品，并适当说明。

服务顾问："高先生，我觉得 QQ 车型挺适合您的，……请允许我花 2 ~ 3 分钟时间简单给您介绍一下，您看可以吗？如果您有什么问题，可以随时问我。"

客户："好的，让我考虑一下。"

经过以上客户需求分析，汽车销售人员首先应通过提问或倾听的方式收集客户信息并详细地记录客户信息，同时登录到 A 卡，建立档案。然后通过提问总结客户的需求信息，确认客户真正需求，为其推荐合适的一款车型。

六、角色演练结束后

(1)针对客户需求，简要总结一下客户需求分析过程的关键技巧。

(2)记录《来店顾客调查问卷》，建立客户档案。

(3)及时更新客户的购车信息，为客户推荐合适的商品。

七、考核标准(表 3-1)

表 3-1

检验项目	评价标准	小组评价	教师评价
介绍流程	介绍流程每个方位正确记 1 分，共 6 分		
客户需求分析的技巧	正确(3)\基本正确(2)\错误较多(1)		
讲解精彩度	非常精彩(3)\精彩(2)\还可以(1)		
熟练度	非常熟练(3)\熟练(2)\不太熟练(1)		
综合评定结果(满分 15 分)			

项目四 车辆展示

一、项目说明

车辆展示是销售人员向客户展示产品优势的重要方法。通过对专业知识的掌握,对专业服务流程的把握,运用专业销售技巧,成功地介绍产品优势,宣传品牌文化,提高销售效率。新车展示环节是顾客对产品了解最深入、也是印象最深刻的环节。销售顾问应该以专业的知识水平和服务赢得客户的认同和赞许,给客户留下深刻的印象,为后续销售活动打下良好的基础。车辆展示中最常用的是六方位绕车介绍法。

二、项目准备

自选一款市场上的在售车型,了解其性能参数、技术特点及汽车文化,在六方位绕车介绍训练中运用这些知识进行讲解。

三、实训教学目标

(1)掌握品牌车辆产品科技知识。

(2)掌握六方位绕车介绍法的基本流程及讲解要点。

四、实训设备及工具

一辆整车。

五、教学组织

1. 教学组织形式

每10名学生用一辆车进行实训。一名学生按照车辆介绍的程序和方法对车辆进行介绍,其余同学进行观察学习,并对该学生的介绍提出改进建议。10名学生依次进行展示训练。

2. 学生分工和要求

1名学生扮演销售顾问,按照展示顺序进行讲解,其余学生扮演顾客,随销售顾问的指引观察车辆。

3. 实训教师职责

讲解实训步骤和注意事项,按照展示顺序进行检视、指导和纠正错误。

4. 学生职责变换

1名学生演示完毕后,扮演顾客角色,另外1名学生接替扮演其销售顾问的角色。10名学生依次进行。

六、工作流程

1. 车前方(图4-1)

汽车销售人员首先应引导客户站在车正前方,上身微转向客户,距离30cm,左手引导客户参观车辆。

这一步是开始的位置，是留给顾客第一印象处，汽车的正前方是客户最感兴趣的地方，当汽车销售人员和客户并排站在汽车的正前方时，客户会注意到汽车的标志、保险杠、前照灯、前风窗玻璃、刮水设备，还有汽车的高度、越野车的接近角等。

2. 右侧面（图 4-2）

图 4-1　车辆正面图

图 4-2　车辆右侧图

接下来，销售顾问引领顾客站在车的右侧，从而发觉顾客的深层次需求。在车的侧面，主要的介绍内容有：侧面的外观、车身流线、车身长度、车身腰线、侧面车窗、汽车的进入特性、轮毂和轮胎、制动系统、门把手及其设计、车厢安全设计等。

3. 车身后部（图 4-3）

汽车的正后方是一个过渡的位置，但是，汽车的许多附加功能可以在这里介绍，如后排座椅的易拆性、后门开启的方便性、存放物体的容积大小、汽车的尾翼、后视窗的刮水器、备用车胎的位置设计、尾灯的独特造型等。

4. 车左侧后排乘坐席（图 4-4）

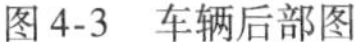

图 4-3　车辆后部图

图 4-4　车辆左侧后排车坐席图

经过以上三个位置的介绍，顾客已经对车有了初步的了解。顾客从车的后方来到左侧，可以再一次让顾客观察到整车的外观及流线。此时，销售顾问可以观察顾客的反应，并及时与顾客展开交谈，可以邀请他打开车门、触摸车窗、观察轮胎，如果乘客有进一步了解的兴趣，可以邀请他进入车内坐到乘客的位置。此时，注意观察他喜欢触摸的东西，告诉他车子的装备及其优点，并对该车型具有特点的车厢内饰作讲解。主要内容有：舒适性、宁静性、便利性、设备、内饰和后排空间。

此时顾客可能会有问题提出。需认真回答他的问题，不要让他觉得被冷落，但是要恰到好处地保持沉默，不要给客户一种强加推销的感觉。

5. 车左侧驾驶席(图4-5)

引领乘客进入驾驶席,在此位置,可向顾客讲解仪表盘、中控台、操控、安全系统、视野等。比如:座椅的多方位调控、转向盘的调控、开车时的视野、腿部空间的感觉、安全气囊、制动系统的表现、音响和空调、车门发动机罩等。

6. 发动机舱(图4-6)

图4-5　车内左侧驾驶席图

图4-6　发动机舱图

引导客户到发动机罩前,根据实际情况向客户介绍发动机及油耗情况。汽车销售人员站在车头前缘偏右侧,打开发动机罩,固定机罩支撑,依次向客户介绍发动机舱罩的吸能性、降噪性、发动机布置形式、防护底板、发动机技术特点、发动机信号控制系统。合上舱罩,引导客户端详前脸的端庄造型,把客户的目光吸引到品牌的标志上。

七、新车展示结束

(1)针对顾客需求,简要总结一下产品的特点与顾客利益点;

(2)转交产品资料,并附上名片或联系方式;

(3)此时可以尝试进行成交试探,否则争取进入试乘试驾环节;

(4)主动邀请顾客进行试乘试驾;

(5)及时更新顾客的信息,注意更改顾客信息中的流程状态。

八、考核标准(表4-1)

表4-1

检验项目	评价标准	小组评价	教师评价
介绍流程	介绍流程每个方位正确记1分,共6分		
技术参数讲解	正确(3)\基本正确(2)\错误较多(1)		
讲解精彩度	非常精彩(3)\精彩(2)\还可以(1)		
熟练度	非常熟练(3)\熟练(2)\不太熟练(1)		
综合评定结果(满分15分)			

(1)销售顾问积极主动为您提供车辆展示?是否主动为您提供器材展示?

(2)销售顾问是否积极地鼓励您参与车辆展示(例如坐到驾驶室里)?是否积极地鼓励您参与操作?

(3)销售顾问是否根据您的需求说明并总结客户利益?是否根据您的需求说明并展示如何使您获得您需要的目标?

(4)销售顾问是否详细讲解和演示了车辆的操控和功能?是否详细演示并讲解了系统的

操作和功能？

【案例1】

第一步：

首先映入眼帘的是Audi的四环标志，每个成功的品牌都有个醒目的LOGO，Audi也不例外。具有百年历史的Audi是世界三大豪华品牌，在1899年由四家公司合并而成，四环标志意味着团结向上，牢不可破，也有招财的意思，无论开到哪里都证明您是一位高贵、有品位的人。一体式进气格栅也是Audi家族的明显特征，它源于概念车，它可以在行驶中给发动机提供更多冷却新鲜的空气，使发动机动力十足，看上去也极为时尚、运动。其前脸采用放射性线条设计，使整车大气、尊贵、进取。“V”字形设计可以明确发动机的位置，像个向前的箭头，象征着勇往直前。

而车的发动机如同人的心脏一样，下面请允许我把Audi的核心部分展示给您看一下（把发动机罩打开，开始讲述发动机）。FSI技术的讲解，最新的技术，能让您轻踩油门就能感受到它的动力，即低转速输出高扭矩。其发动机布局、设计，各种油液用不同颜色表示，标志清晰，以免有加错油液的现象，非常人性化，线素包扎结实、严密、安全等。发动机有两个缓冲区，第一低速缓冲区：在小撞击时可以保护发动机，这样就为车主节约了维修发动机的费用。第二个是吸能区，在大撞击时可以保护驾驶舱。Audi的做工精良不单单只表现在发动机上，在主动安全和外部造型上也是独具匠心（我带您看以下，放下发动机罩）。讲前照灯清洗装置，雾灯的离家/回家模式。Audi在方方面面上都为您考虑，处处体现了科技以人为本的理念。您再看看它的零间隙技术，可以降低风阻，省油，大大提高驾驶的安全性和舒适性，同时也反映了Audi精细的做工，体现了Audi尊贵的品质。（摸着发动机缝隙走）包括发动机罩的间隙也非常的均匀，也同样可以降低风阻，节省燃油。还有，它的无骨雨刷，可以完全贴附玻璃表面，两面刮水，使用寿命长，降低维修成本。讲光线传感、雨水传感（蹲下）宽胎式设计，稳定性和安全性，前悬架轻质四连杆（站起），“用手描述”，精准的转向随动性，杰出的操控性和转弯效果，加速的时候无抖动现象。

第二步：

您在侧面可以感受一下Audi的流线型车身。首先是它抛物线式的设计的顶篷线仿蛋壳式设计原理，使每一点受力都很均匀（先讲太阳能天窗），您看咱们Audi的玻璃都是双层绿色隔热玻璃，可以过滤掉几乎是百分之百的紫外线，百分之三十的光度和热度，这样无论外面的阳光多么强烈，您在车里都感觉很舒服。同时可以防止内室老化，不会产生有害气体，保证人的身体健康，降低维修成本，也可以让您和阳光有一次亲密的接触，轻松安全地享受日光浴，可谓是一举三得，对吧！您再看整车的腰线，整车前低后高被腰线贯穿于一体，使整车看上去更为动感运动，加强版的B柱，看上去最薄弱的地方，事实上是最为坚固的，它是由四层钢板并列组成，而且整车都采用激光焊接，双层镀锌，空腔注蜡等技术（优点自己说），内嵌式门把手与流线型车身浑然一体，看上去更为典雅大方、高贵，同时可以防刮防蹭，降低维修成本，符合高档豪华品牌的特征。“PVC涂层、后悬架”（自己说）。您再看这就是侧面的Audi，非常的时尚动感。

第三步：

其实Audi最完美的角度是后车身45°，您可以到这看一下（直接领过去），三维立体的造型，前低后高，跃跃欲试，运动感十足。三条线完美地结合在一起，充分说明奥迪设计精益求精的品质。

第四步：

您可以看一下它的高位刹车灯（直接领到行李舱），讲完高位刹车灯，讲后尾部翘起，打开行李舱，大开口设计，三角警示牌可警示后面车辆，501L容积行李舱，平整见方，原尺寸备胎工具摆放合理，行李滑道，后缓冲区，来源于运动型跑车设计的双排气管。您看咱们的行李舱，孰不知咱们的后座空间是更为宽敞，您可以过去看一下。

第五步：

（打开门）车门的三阶梯开启，可以防止在某种情况下车门回弹发生危险，（坐进去之后）您可以关门听一听车门的声音，好车的车门关闭是空气压缩的声音，而不是铁皮的啪啪的声音，我们的车关门声音给人感觉很厚重，很踏实的感觉，而它事实上也非常坚固，我们的车门是四防撞梁设计，能很好地加强对乘客的保护，后座安全气囊是放置在后座上的，还有放置在B柱上的侧气帘，确保后座乘客任何时候都万无一失高枕无忧，这样您就可以更放心地让孩子及家人坐到后面，不用担心他们的安全了，是吧。

配合吸能杆，防撞梁，不仅安全，我们的后座同样也很舒适，2945mm轴距直接决定了它有宽敞的空间，符合人机工程学的运动座椅，B柱出风口先吹玻璃后折射到人身上，既能吹玻璃，防止玻璃结霜，又能保证风不直接吹向人，后座有出风口，全车共16个出风口，能保证以最快的速度让车内温度调整到适宜温度，另外还配置了后座座椅加热功能，冬天一上车就能体验在家一样的温暖。

您看我们还标准配备了后排坐椅的侧窗帘，除了能更好地防止阳光照射带来的炎热，还给您提供了一个良好的私密空间，后风挡窗帘是电动的。

后座的舒适性和安全性您已经体会到了，现在我再带您感受一下它的驾驶乐趣。

第六步：

（请客户进入驾驶舱，问其感觉怎么样）是不是很大气，Audi四幅运动方向盘大嘴跟前脸交相辉映，中间是我们Audi四环LOGO，手工制作的转向盘，握上去十分有质感，一搭手就能感觉他的高档，仪表台上方的软材质，不但手感出色而且对人体是个保护，没有日系车的棱棱角角，在制动的时候也不会受伤。刚才跟您说了那么多的被动安全，现在我给您讲讲我们的主动安全。A6L标准配备了ESP8.0装备，是目前世界上最高级的标准。

水滴型的仪表盘，仪表板上红色的仪表灯，无论白天夜间都能让驾驶员很清楚地看到，中间有个驾驶员信息显示屏，可直观地显示驾驶员必要的信息。

【案例2】

凯美瑞六方位绕车介绍

1.车辆斜前方

××先生/小姐您好！现在展现在您面前的是全球最畅销车型"凯美瑞（CAMRY）"。凯美瑞从1982年上市，至今已有30多年的历史；连续4年荣获北美最畅销中高级轿车称号；在2005年9月，全球累计销量已超过1000万辆，是全球销售量最大的中高级轿车；2006年6月17日上市之后连续16个月夺得中高级轿车月上牌量冠军；国内销量至今已经突破70万辆。

凯美瑞无论从外形、动力各方面都超越了同级别的车型，树立了中高级车型中的新标杆，它的技术更先进，配置更豪华，性价比更高，服务更全面，它的外形尊贵大气、动感时尚，车身造型俊朗、线条流畅，整个车身是低重心车身设计，整体造型错落有致。稳重而不失活力，动静之间都流露出非凡的尊贵感。而"尊贵而动感"的设计理念，在带给您非同一般的驾驶感受的同时，还为您带来非同一般的尊贵享受，下面就由我来为您详细地讲解一下这款全新凯美瑞。

凯美瑞采用了引领潮流的设计外形，前部的“ X ”造型更富有活力和冲击力，彰显出积极进取的态度；散热前格栅采用横向三条式设计，能唤起一种尊贵和宽阔的敦实感，梯形设计的宽大进气格栅，不仅散热性能好，更显稳重气派，而且大小适中，亮丽优雅。中央的丰田标徽呈浮凸感，锐气十足，镀铬环框设计的前雾灯为车头更添进取感。HID 氙气前大灯亮度高、使用寿命长，并且带大灯自动清洗及水平调节和智能随动系统，增加您行车的安全性。

2. 驾驶座

凯美瑞为您配置了智能钥匙进入系统，您只需携带钥匙走近车门 0.7m 距离时，轻轻一拉门就开了，坐进车里，轻轻一按，爱车即启动待发，高科技与便利性的完美结合。驾驶座是 8 方向电动调节及加热、记忆功能座椅，便于您找到并记忆最佳的坐姿，另外，电加热功能使您在寒冷的季节倍感温暖。CAMRY 座椅设计美观，材质上乘。宽大的椅垫和椅背软硬适中，包容性好，提高乘坐舒适性；CAMRY 座椅设计适合 195cm 的驾驶员身高。前排座椅具有多功能性和人性化便利设计，前排副驾驶员座椅有侧方调整按钮，具有前排座椅的平展调节设计，方便实用的前排杯架。减缓驾乘员头部撞击的内饰构造，前排 WIL 概念座椅设计；凯美瑞采用了立体式自发光仪表盘，使用双环镀铬饰条，三层立体显示，高雅亮丽，而且仪表盘内设有多功能信息显示屏；高品质车载影音系统：采用新型 DSP 数字信号处理系统，清晰、高保真的效果；收音机调谐器经过数字化处理，大大降低了 AM/FM（调频/调幅）的接收噪音；自动声音控制系统（ASL：Automatic Sound Levelizer）针对受干扰的音域进行自动补偿，使音质更加优美，重现现场效果；CD 播放机支持 MP3/WMA 等格式。凯美瑞 G-BOOK 版本配备的是当前先进的 DVD 多媒体语音导航系统，具有精确的语音识别功能（23 种指令，能识别 5 种地方口音的普通话）以及 32000 色的地图显示，丰富的信息索引以及强大的多媒体播放功能，还有先进的蓝牙免提装置等，使您充分享受“更远更自由”的驾驶乐趣。

转向盘枫木纹装饰、真皮包裹，调节范围分别为上下 30mm 和前后 40mm，方便您找到最舒适的驾驶姿势。多功能转向盘集多种常用控制功能于一身，导航系统控制，蓝牙免提控制，定速巡航控制，及音响系统控制，在驾驶途中可以轻松操作各种功能。手自一体五挡变速器，它具有加速迅猛强劲，换挡顺畅的特点，在保证您享受手控驾驶乐趣的同时，实现低振动、低噪声、低油耗，使您在举手之间轻松体验激情四溢的操控感受；智能坡道控制逻辑还能在车辆前方上下坡时有效控制变速器换挡，既延长了变速器的寿命，又提高了驾驶的安全性。凯美瑞采用自动双区独立控温空调，驾驶席与副驾驶席可分别进行温度设置，后排还设有空调出风口，满足了车内乘客的不同需要；加上光触媒空气清新器和等离子发生器，能够杀菌、除异味以及净化车内空气，始终保持车内空气清新、自然。

凯美瑞拥有宽大的双层电动天窗，有翘起与滑动两种模式，采光和通风效果都很好，并且具有电动防夹功能，您在驾车外出时可获得极好的开阔感和舒适感。采用 LED 光源的车顶天窗迎宾照明，营造出如同夜空中星云浮动般安心舒适的车内氛围。

3. 车内后座

凯美瑞采用创新的平坦化地台（后排地台高度仅 50mm）设计，轴距达到 2775mm，并且通过灵活的座椅布局，实现了宽阔、平坦的后座腿部空间。您坐在里面像自家沙发一样舒服，而且凯美瑞独有的后排座椅靠背电动调节功能，调节角度可达 8°，乘坐更舒适，后侧窗电动遮阳帘与后窗电动遮阳帘为同级别车中首次装备，为乘客提供舒适、私密的空间。中央的大型扶手储物格及弹出式杯架，无不体现凯美瑞的追求完美细节及人性化。

4. 车尾部

凯美瑞后大型组合尾灯融合流畅的后部车顶曲线与侧车身、行李舱盖及后保险杠的和谐组合，大大提高了车尾部的整体稳重感和力度。后窗具有自动除雾功能，它可以在雨天除去后窗玻璃上面的积水，提供给您清晰的后方视野，上面还有隐藏式天线，灵敏度好，接收信号清晰。新凯美瑞的尾灯采用了新的设计，采用多功能组合，由原来的圆形改成平行四边形，灯罩微微外凸，LED 的尾灯和高位刹车灯具有亮度高、反应快、识别好的特点，在夜间行驶容易被后方驾驶员识别，而且提升了车辆的先进感。大型镀铬装饰板结合丰田标志更显豪华气派。行李舱的容积达到 504L，放入 4 个高尔夫球袋都没问题。凯美瑞尾部还有倒车摄像头及高灵敏度的倒车雷达，它可以将车后情况清晰地反映出来，使您倒车无忧。

5. 车身侧面

凯美瑞的车身线条流畅，稳重气派，低重心的车身形体呈前低后高，符合空气动力学，降低整车的风阻系数。整车长 4825mm，宽 1820mm，高 1485mm，轴距达到 2775mm，提供给您非常大非常舒适的乘坐空间。配合超大的电动折叠的亲水加热后视镜，外后视镜还带倒车辅助系统，提高您的行车安全。整个车身为 GOA 碰撞吸能式高刚性车身舱，可有效吸收外部的冲击力，避免车厢变形；转向盘可溃缩式转向柱，当发生碰撞时，发动机会自动下沉，转向柱上下部分自动溃缩，从而最大程度避免驾驶员受到的来自转向盘的冲击；××先生/小姐您好，我们全车有 6 个安全气囊，平时您一定要养成系安全带的习惯，经过事实证明和多位专家确认，如果不系安全带，安全气囊是不会打开的；我们后部采用增加车身刚性的“V”形支撑杆，最大限度地保障驾乘员的安全，还有配合 VSC 车身稳定系统、TRC 牵引力控制系统、EBD 电子制动力分配系统、ABS 防抱死、BA 制动辅助系统，全方位地保护驾乘人员的安全。轮胎采用 215/60R16 的大尺寸轮胎，大大增强了抓地力和制动力。凯美瑞的悬挂是麦弗逊式独立前悬挂和双连杆式的后悬挂，乘坐舒适的同时还实现了 5.5m 的最小转弯半径。

6. 发动机

凯美瑞的发动机采用的是丰田独步全球的 VVT－I 发动机，通过改变进气和排气来实现大功率、强劲动力以及超低油耗的平衡，最大功率 123kW/(6000r/min)，最大扭矩为 224N·m/(r/min)，实现了强劲动力，且降低了油耗，减少排放。丰田直接点火系统(TDI)，减少高压损耗，使点火更精确，发动机运行更可靠，动力输出更充分；凯美瑞用曲轴偏置技术和树脂齿轮平衡轴以减少发动机磨损和振动，更有电子节气门控制及直接点火系统，点火更精准更省油。

凯美瑞的保险杠、侧导流板等大量采用可再生使用的树脂材料，不含铅、汞等有害金属，实现了材料的循环利用，减少了对环境的污染。

项目五 试乘试驾

一、项目说明

指顾客在经销商指定人员的陪同下,沿着指定的路线驾驶指定的车辆,从而了解该款汽车的行驶性能和操控性能。经销商指定的人员通常是接待顾客的销售人员或者专门的试驾员。指定的车辆通常是经销商提供的试驾专用车,而暂未售出的库存车辆是不应被顾客试驾的。

新车展示是静态介绍产品的过程,试乘试驾是产品动态展示的过程。试乘试驾服务对于客户而言,是感性地了解车辆有关信息的最好机会,切身感受车辆的性能和驾驶的乐趣,客户可以通过切身的感受达成对销售人员口头说明的认同,强化其购买信心。通过试乘试驾,让客户体验"拥有"的感觉,可以激发其购买欲望,促进购买决定的形成。在试乘试驾过程中,销售人员应让顾客集中精神进行体验,并针对顾客需求和购买动机适时地进行解释说明,建立其信心。

二、项目准备

1. 车辆准备

准备好专门的试乘试驾车辆。试乘试驾车辆应该由专人管理,保证每次试乘试驾时车辆都处于最佳状态。试乘试驾车辆应该经过美容并始终保持整洁,有足够的燃油,收音机、音响等设备调至最佳状态。

2. 销售顾问

销售顾问应准备好驾驶执照,并具有试乘试驾的经验,具备熟练的驾驶技术及安全意识,同时应对试乘试驾车辆的性能和特点有完整全面的掌握,并对竞争车型的技术参数和性能有一定的了解,以便在试乘试驾中给客户提供足够的信息供其对比。

3. 其他准备

准备好试乘试驾相关资料,设计好试驾路线。

三、实训教学目标

(1)掌握品牌车辆产品科技知识。

(2)掌握试乘试驾环节的基本流程及讲解、操作要点。

四、实训设备及工具

一辆整车。

五、教学组织

1. 试乘试驾流程

试乘、试驾的基本流程图见图 5-1。

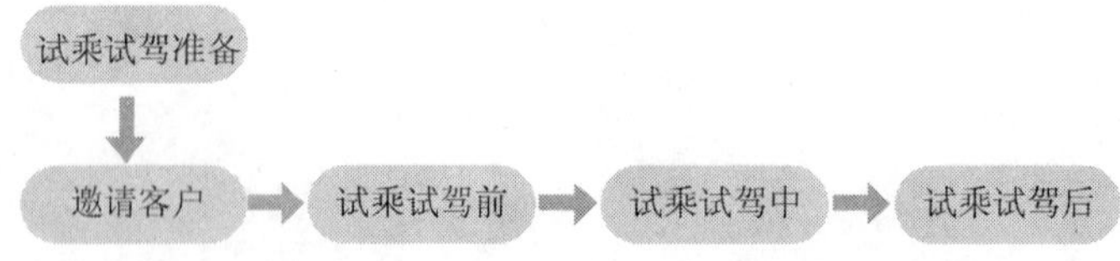

图 5-1　试乘、试驾基本流程图

2. 试乘试驾的准备

检查车辆各种手续文件是否齐全，确保车辆内外清洁，将车内音响设备等设置好。

试乘试驾之前应做好如下准备：

(1) 车辆准备。

试乘试驾车辆的出车前准备项目如表 5-1 所示。

表 5-1

发动机号：				
车架号：				
牌照号：				
行车证：				
保险：		是	否	备注
外观	整辆车身是否清洁			
	车身是否张贴试乘试驾标志			
	车身是否有划痕或碰撞			
	轮胎是否磨损、气压是否正常			
	前照灯、转向灯、后视镜是否损伤			
	车牌是否污损			
座舱内	脚踏垫、烟灰缸、中央扶手、置物槽等是否清洁			
	室内后视镜、门边后视镜是否清洁			
	制动踏板状况是否正常			
	发动机启动状况是否正常			
	油箱存量是否一半以上			
座舱内	顶灯、转向灯、座灯、制动灯是否正常			
	刮水器是否工作正常			
	驾驶座各项调整动作的功能是否正常			
	CD 多种风格准备			
	空调是否工作正常			
发动机舱	制动油量是否正常			
	发动机油量是否正常			
	风窗玻璃的清洁剂是否足够			
	水箱冷却水量是否足够			
	发电机皮带是否有异响			
其他：				
点检员签名：		年　月　日		

(2)人员准备。

作为销售人员,在试乘试驾之前应做好车辆的点检与签收工作,准备好顾客需求分析的相关资料。试乘试驾协议,并向顾客说明试乘试驾的时间、地点及线路等问题。

应该准备的文件:

①试乘试驾路线图。

②试乘试驾安全说明及须知。

③安全承诺书。

④试乘试驾意见调查表。

1. 是否具有良好的精神状态迎接顾客?
2. 是否准备了充分的试乘试驾时间?
3. 是否已充分了解顾客的购车动机及购车需求?
4. 是否准备好了试乘试驾路线?

3. 邀请客户

(1)事先熟悉客户的信息,便于试乘试驾中有针对性的介绍。

(2)第一时间接待客户,让顾客有备受尊重的感觉。

(3)见面时能及时准确地称呼客户,让顾客有亲切感,建立初步的信任。

(4)简单总结前一次接待的产品介绍内容,明确客户原先的需求及客户对产品的肯定。

(5)引导客户试乘试驾,让客户没有被强迫的感觉。

开始前讲解(重点项目):

(1)请客户签署试乘试驾协议书。

试乘试驾协议书特别重要,这是对客户必须安全驾驶的一种要求和暗示,同时一旦出现安全问题也可以分清责任,减少不必要的麻烦。试乘试驾协议书的示例如图5-2所示。

(2)复印客户驾驶证。

如果只登记客户的驾驶证号码,相关的信息会不太完整,同时也有可能出现抄写错误。当真的发生安全问题时肯定也需要驾驶证复印件,此时再向客户索要就会比较困难。另外借助驾驶证复印的要求也可以让客户在出示驾驶证的同时了解客户驾龄和驾驶证有效期。

(3)确认驾驶路线。

利用路线图可以让客户了解路线以及在驾驶路线中必须注意和加强体验的路段,同时也可以避免客户要求自行选择其他路线。

试乘试驾路线的设计:

试乘试驾路线的设定应首要考虑行车安全问题,在保证行车安全的前提下,选择的线路应能充分体现试乘试驾车辆的性能特点,典型的线路应考虑以下几点性能:加速性(高速公路),安静性,行驶舒适性(沥青路面),操控性(急弯和缓和的弯角),城市驾驶(市内道路),高速性能(高速公路),驻车性能(停车场),防抱死制动性能。因此,典型的试乘试驾线路应包括:直线道路、弯道和坡道等道路类型。

试乘试驾的操作项目应包含:静止起步、直线加速、过弯、中高速驾驶、急减速、路边倒车和倒车入库等。

某车型试乘试驾路线方案如图5-3所示,演示内容如表5-2所示。

试乘试驾前应对行驶路段进行实地勘测(确保道路状况通畅安全)。

尊敬的顾客:

您好! 为了让顾客能亲身体验该品牌车型的舒适、安全以及整车的操控性能和优异配置,特将试乘试驾有关事宜向您告知,请您仔细阅读。

一、试乘试驾前,试驾人员请检查车辆内外的清洁、卫生,并检查车辆是否处于良好状态。

二、试驾人员在车辆中禁止吸烟及吃零食。

三、您需向我公司保证您本人具有两年以上的驾龄,并持有正式的驾驶证件,且身体健康,无重大疾病,适合进行试乘试驾,并能够安全行驶,文明试车。

四、您在试乘试驾期间应当遵守《中华人民共和国道路交通安全法》及有关道路交通管理的规章制度和我公司规定的试乘路线,不得违法违章行驶,否则我公司销售顾问有权视情况终止此次试乘试驾。

五、试乘试驾完毕后,您所交回的车辆应当完好无损,没有发生任何碰撞、刮擦等事故,否则应承担修复所需一切费用。

试乘试驾车型登记表

试驾车型		试驾地点	
试驾车车架号		试驾时间	
车辆行驶证号		试驾人员电话	

以上内容我已仔细阅读过,并无异议,且能保证我提供的一切资料真实合法。

车辆提供单位:

×××汽车贸易有限公司

试乘试驾人:(签字)________

试乘试驾日期:　　年　　月　　日

证件粘贴

图 5-2　试乘试驾协议书

试乘试驾测试重点　　表 5-2

10 种路线	测 试 重 点	注 意 事 项
市区路况	发动机起步、加速、前中段动力性、灵巧性、市区变换车道	市区交通复杂易出车祸、小心驾驶、时间不宜太久
快速路	0 ~ 100km 加速能力、急刹车 、制动能力	紧急制动时前后各 200m 内无人车机慢车、左右无人、动物、车等
高速路	中高速巡航能力、超车、风噪、隔音	遵守高速公路时速限制
爬坡路	负重、发动机扭力、操控性	小排量、小马力、小扭力的车试乘人不宜太多
一般弯路	转向性能、抗侧倾能力	FF 前置前驱及 Turbo 的车 70km/h 以上过弯必须松油门,并需经过专门训练后才可高速过弯
急转弯路	转向性能、抗侧倾能力、操控性	同上
泥泞湿滑路	电子安全配备、抗湿滑能力	宜慢速通过,20 ~ 40km/h
颠簸路	舒适性、通过性	视路面状况,20 ~ 40km/h
大桥路	风噪、稳定性	Turbo 需事先说明,发动机、胎噪较大
乡间小路	制动能力、各挡变换、综合测试	路狭小,人车少,但需注意弯路瞬间会车的安全,尽量不要超出自己的车道

典型道路的试乘试驾测试重点如表 5-3 所示。

以下是某车型试乘试驾路线的方案,见表 5-3、图 5-3。

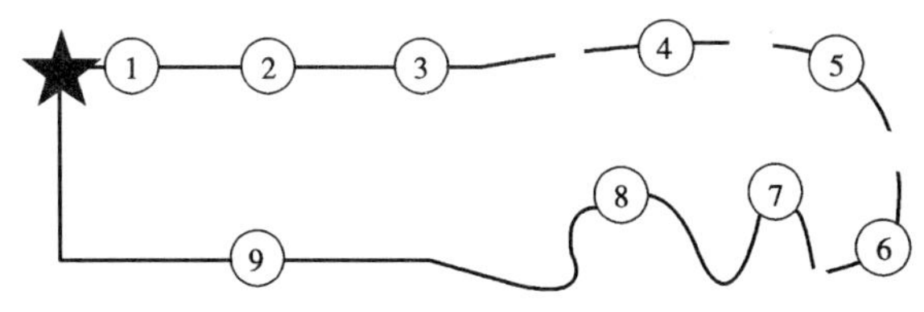

图 5-3　路线图

试乘试驾方案　表 5-3

路　段	演示内容	提示要点
直线段	启动加速	发动机安静,低端动力强劲
直线段	空调,音响系统	自动气候控制,高保真音响
直线段	变道,准备上高速	操纵性能佳,乘坐平稳
高速公路	加速到公路限速	加速性能,风噪低,平稳,安静
高速公路	弯道变道	贴地感,操控性能,稳定性
高速公路	减速(如允许,紧急制动)	制动性能,工作情况
弯道	变速变道	贴地感,操控性能,稳定性
上下坡	坡上停车,启动	发动机低端动力,安静平稳
直线段	根据客户需要演示	突出车辆的高科技性

思考:选择一款车型,针对其性能特点,设计适合该车型的试乘试驾路线(可分组设计方案)。

4. 试乘试驾前

试乘试驾前的主要工作已经在准备阶段详述,在该环节主要向客户确认相关信息。

外观欣赏——外观设计风格、车体钢板厚实、漆面光滑亮丽、五门掀背功能。

开启车门欣赏——前后车门开启角度大(尤其是后门),车门厚重安全高,车窗宽阔视野好(尤其是后门三角窗向后延伸),后门窗能全部降下来,车门槛宽大刚性好,关门声音厚重饱满。

车内空间和布局——座椅调整便捷,安全带、后视镜、转向盘调整便捷,头部腿部空间宽敞,仪表台布局典雅,仪表板显示鲜明。

启动后——点火启动发动机声音沉稳,怠速情况下发动机安静无抖动。

思考:出发前可以给顾客展示车的哪些优势特点?

5. 试乘试驾中

通过试乘试驾向顾客动态地展示满足顾客需求的车辆性能和优势,实现“体验式”销售,让客户体验“拥有”的感觉,全面掌握客户背景特征,为下一步销售活动奠定基础。

(1)试乘。

在该环节,让客户先上车,帮助客户系好安全带,调整座椅,确认顾客乘坐舒适,简要介绍车辆装备和配置,让客户熟悉车辆。首先由销售人员示范安全驾驶。把握时机充分介绍车辆动态的性能和优势,了解客户信息。

讨论:顾客试乘时,我们可以向顾客展示的项目有哪些?

(2)换手。

行驶一段距离,到达预定换乘处,选择安全的地方停车,并将发动机熄火,取下钥匙,由销售人员自己保管,帮助顾客就座,确保顾客乘坐舒适,提醒顾客调整后视镜、系好安全带,请顾客亲自熟悉车辆操作装备,销售顾问请顾客再次熟悉试车路线,再次提醒安全驾驶事项。

(3)试驾。

在该环节,少说话,让顾客专心驾驶,保证安全,同时让顾客有驾驶自己车辆的感觉;多恭维,让顾客有满足感,利于成交;提醒行驶路线,让顾客可以事先有足够的准备,注意安全驾驶中安全是最重要的环节,必要时以封闭式问题寻求认同,让顾客对产品有足够的认同感对邀约成交是很有帮助的。

在这个环节,重点让客户体验以下性能:

①平顺性。体验起步平顺性:

a. 提示客户缓踩油门起步;

b. 告知客户行车落锁的声音。

②静音效果。体验匀速静音效果:

a. 提醒客户匀速驾驶,体验车内静音效果;

b. 询问客户车内静音效果是否良好。

③过弯稳定性。体验过弯稳定性:

a. 提示客户前方路口右转;

b. 提醒客户体验车的过弯稳定性;

c. 过弯后询问客户车辆操控感受,以及稳定性是否良好。

④动态舒适性。体验颠簸路面舒适性:

a. 提示客户前方有一段颠簸路面,先减速到20km/h,再匀速通过减速带,感受底盘减振性能和乘坐舒适性。

b. 询问客户对车辆底盘和悬挂是否满意,舒适性是否良好

⑤动力性。体验加速性能:

a. 观察前方路况,当车速为 30 ~ 40km/h 且路况好时,提醒客户加速,体验车辆的加速性能。

b. 询问客户加速性能是否良好(如果客户刻意关注动力性,可尝试将变速器设置为运动模式 S)。

6. 试乘试驾后

(1)销售人员亲自或指引顾客将车开到展厅门口。

(2)销售顾问应首先下车,主动替顾客开车门,防止客人头部碰到车门等。

(3)提醒顾客确认无东西遗忘在车内。

(4)请顾客填写《意见调查表》并询问顾客订约意向。

(5)就顾客的抗拒点适时利用展车再次讲解,促成订约。

(6)向顾客赠送小礼品。

(7)感谢顾客试乘试驾,并送顾客离去。

(8)完成各项文件记录。

(9)对顾客进行定期跟踪。

(10)定期将所搜集的顾客意见进行统计和分析,并在例会上进行讨论与总结,以提升试乘试驾的顾客满意度及成交数量。

思考:如何使用话术来促成交易?

话术练习:请每人将自己常用的促成交易话术写下来,全班分享。

7. 试乘试驾的要点

(1)确保试乘试驾车辆整洁。

(2)确保试乘试驾车辆有足够的燃油。

(3)每个销售人员都应有驾驶执照,要能边驾驶车辆边说明基本操作控制技巧。

(4)试乘试驾前,销售人员应亲自检查试乘车,并依顾客特性需求调整车辆。

(5)在不同试乘路段,销售人员应简单描述体验重点,并提醒客户遵守交通法规,给顾客示范标准安全的驾驶操作动作。

(6)在空旷的路段,将车辆停靠在路边安全位置,换手请顾客入座,再次确认顾客对操作已经熟悉,然后由顾客驾驶,销售人员简单提示顾客各个动作所能体验的项目。

(7)试乘试驾时间以 15 ~20min 为宜。

(8)试乘试驾后,引领顾客回展厅(休息区),促成合约,赠送小礼品并送顾客离去。

试乘试驾意见见表 5-4。

试乘试驾意见表 　　表 5-4

尊敬的贵宾:当您试乘或试驾斯柯达轿车后,如对商品及配备有任何意见,敬请填妥此表,告知我们,您的意见将成为我们追求卓越的目标。

顾客填写	基本情况 贵宾姓名:　　　　驾龄: 您的现使用车名:　　　　您预备购买的斯柯达车型: 您试乘试驾的车型:　　　　您还在考虑之中的其他车型:
	试乘试驾感受: 通过试乘试驾,请您对我们的车型进行评价: 　　满意　好　普通　不满意　原因 外观　□　□　□　□　________ 车内空间　□　□　□　□　________ 配置　□　□　□　□　________ 操控　□　□　□　□　________ 加速性能　□　□　□　□　________ 舒适性　□　□　□　□　________ 安全性　□　□　□　□　________
	对比 与其他品牌对比,您觉得的哪些斯柯达明显占优,哪些其他车型明显占优 　　斯柯达车型　其他___牌车型　原因 外观　□　□　________ 车内空间　□　□　________ 配置　□　□　________ 操控　□　□　________ 加速性能　□　□　________ 舒适性　□　□　________ 安全性　□　□　________
销售顾问填写	销售顾问姓名　　　　试乘试驾协议书编号: 起始公里数:　　　　结束公里数: 时间:___月___日　从___时　至___时

思考题：

(1)如何邀请有意向客户前来试乘试驾？

(2)如何在活动中留存有效客户信息？

(3)如何细分客户？

(4)如何针对不同层次的客户展开有效跟踪？

(5)如何将跟踪信息及时与通用沟通？

试乘试驾情景演练：

(1)路线设计。

请学生两人一组，分别扮演销售人员和顾客，根据顾客不同的性能关注点，进行演练。

(2)试乘试驾流程和技巧。

(3)演练要求。

(4)试乘试驾前的概述(顾客邀请)。

(5)交换处换手流程细节的把握。

(6)在交流过程中寻求顾客认同能力。

(7)针对顾客购买动机引导顾客体验车辆性能的能力。

(8)适时促成交易的时机，把握和话术能力。

(9)对试乘试驾流程的整体把握。

六、考核标准(表5-5)

表5-5

检验项目	评价标准	小组评价	教师评价
介绍流程	介绍流程每个方位正确记1分，共6分		
技术参数讲解	正确(3)\基本正确(2)\错误较多(1)		
讲解精彩度	非常精彩(3)\精彩(2)\还可以(1)		
熟练度	非常熟练(3)\熟练(2)\不太熟练(1)		
综合评定结果(满分15分)			

【案例1】

“×先生，刚才我给您介绍的这些，您觉得还满意吧？其实我说的再好也不如您亲自开一下，您说是吗？”

“其实买款称心如意的车主要看以下五个方面，外观、动力操控、舒适、安全和超值性，而一款车动力和安全对您来说是最重要，而这两个方面一定要试乘试驾才能体现出来的，您说对吗？”(他或她一般会说“是的”)，然后紧接着说“您看，我们已经为您准备好了车，就在外面，我们一起去享受一下试驾的乐趣吧。”

“车子的很多性能要在开的过程才能体验，您想，毕竟买车是件大事，自己开过才能真正放心啊，对吧？”

“展厅里面空气不容易流通 ，直接在展厅发动会影响人的健康，这样吧，我帮您在外面准备一台车，这样您不但可以听一下发动机的声音，还能了解一下实际驾驶的感受，您看这张图，我们通常有两条线路，您喜欢哪条呢？”

1. 出发前(介绍路线、强调安全)

"前面我已经介绍了×车的很多性能,心动不如行动,让我们去体验一下该车的性能吧!下面我们就要进行试乘试驾,请您一定要注意安全及遵守交规,我们先请您进行试乘阶段。"

"大家请看,我们×车的车门是三段式开启(示意),最大可达近80°,您上下车非常方便。来您请上车(帮客户开门),请当心头部,怎么样,有不同的感觉吧!"

"您现在坐着感觉是不是很舒适,我们的车座椅是采用翼状式的设计,它完全符合人体工程学的需要,既安全又乘坐舒适。同时,它采用了 WOKS 主动头枕的设计,最大程度保护乘客的颈部。"(这是大众的专利哦)

"您看它的转向盘可根据用户的驾车习惯进行调整(示范),而且后视镜电动可调并带有加热功能,再配上 LED 的转向灯,使用起来非常方便、安全。我给您示范一下,您看很实用吧!"(寻求客户认同)

"请您系好安全带,如果您觉得一切准备就绪的话。我们现在开始体验吧!"

2. 发动与怠速运转(启动容易、运转平稳)

(1)手工缝制的真皮转向盘,手感舒适;

(2)主动说:"发动机刚启动声音会比正常运转时响一点,这是因为发动机的最佳工作温度为90℃,冷车时大概2min 发动机转动速度会降到正常状态,您可以留意一下。"

"您听到声音变小了吧,您对我们车子的发动机的怠速自动调整这个功能还满意吧?它搭载手/自自动变速器,不但操控方便,而且经济省油。您既可以体验到自动挡的驾驶方便性,同时也可以体验到赛车手动挡的驾驶乐趣,手动、自动换挡随您而动,您花一款车的钱,体验到两款车的享受,而且夫妇、老人开均很方便。"

介绍一下自动挡和手动挡切换功能,并且说明好处,在试车时进行演练(话术在市区手动挡能省油,+、-的使用)。

"起步平稳是很重要的,会直接影响到油耗、转速;为什么出租车的二手车价格那么低?其原因之一就是他们不注意这些方面,影响了整车的性能。"

"该车采用了 Eas 电子油门,这样控油精确,发动机反应灵敏。您是不是觉得我们的车起步很平稳?"

3. 直线提速(发动机瞬时加速,强劲有力)

"我现在开始提速,您可以感受到动力输出是多么顺畅、强劲,有一种推背的感觉。……刚刚您感觉到推背感了吧?"

"您注意到了吗?当我深踩油门时,发动机的声音很浑厚,而且没有多余的杂音吧!"

"现在路况比较好,让我们感觉一下该车的隔音效果,舒适而静谧!怎么样,隔音很好吧!"(寻求顾客认同)

"可以感觉一下空调效果。"(告知大众车很多车型都采用粉尘微粒过滤器和倒车自动内循环切换模式)

"我们这款车采用8声道扬声器,音响效果非常好;它既可以播放普通的 CD,也可以直接播放 MP3(根据不同车型,自己组织话术);确保各种路况都能正常播放和欣赏。您试一下,效果很好吧!"

可以介绍一下,车内环保(如车内有无异味,国家的环保标准、我们车的环保值是多少)。

"前面是弯道,您看我们转弯非常轻巧,过弯方向稳定、准确。"

"您看我们的前风挡玻璃视角宽阔,盲区很小,这一点很重要,可提高行车安全。"

“我们有个赛车老师说：一台车的底盘好不好，车辆转弯后很流畅地回正很重要，同时，车辆的摆动也不能太大。”

转弯后：

“您看我们的车子，不需要过多的额外干预，只要轻轻比扶着转向盘，它就自动回正了。而且车子摆动幅度小，坐的人也很舒服，感觉很安全。您觉得呢？”

“我们开车的时候最怕遇到突然蹿出人或物等情况，到时我们会紧急制动同时打转向盘，是吗？”

“我们现在的速度是60km/h，路况也非常符合我们紧急制动的条件，在制动的同时我会打一把方向，请您坐好、扶稳。”

紧急制动后：

“您看到我们的车头是不是往下，同时我依然可以控制转向盘的转向；这就是我们常说的ABS（制动防抱死系统）。通俗地说，也就是我在制动的同时能够控制车子的方向，避开障碍物。”

“说实在的，我对这款车的制动很放心，您感觉效果还满意吧！”

“悬挂好不好主要是两个方面：一是过弯是不是够平稳，二是舒适性，但是这两个方面很难兼顾的。”

“一般的平坦道路悬挂舒适度可以说几乎没有区别的，只有在颠簸道路才会感觉到不一样。前面有一段，让我们试一下。”

试过之后：

“不同的悬挂对细小的颠簸吸收程度不同，其实，您最重要的感觉是车身的颠簸程度大不大。您看我们这款车的悬挂还不错吧，无论是在过弯还是舒适方面，它都有不错的表现。您看是不是非常适合您？”

“对了，您平时跑的路是一般的马路多呢还是颠簸的石子路多？”

销售人员可根据实际情况组织话术。

“试问客户试乘试驾时有没有感到明显的顿挫感？一般自动挡都有这种情况但是我们的车没有这种情况。一是因为我们采用了很先进的六速手自一体变速器。二是发动机和变速器匹配的比较完美。”

如果是试驾的1.4TSI和DSG的车子，就可以说“我们这款车几乎没有顿挫感，目前TSI发动机+DSG变速器是最佳的黄金组合。”

【案例2】

（办完手续）“这是试乘试驾的路线，您先看一下，就在展厅附近，从试乘试驾区出发，沿A路到B路，左转到C路，再左转到D路，直走到A路左转，最后回到展厅，一圈大概要10min左右。”

“您可能不太熟悉这附近的道路，没关系，我先开车，您试乘，熟悉一下路线；回来后第二圈您再试驾，这样能让您体验车型特性，也比较安全，您看如何？没什么问题的话我们就出发了。”

试乘时：

1. 启动车辆，发动机怠速运转

“Elantra悦动的发动机采用了现代先进的发动机芯片滚码防盗技术，如果不是原车钥匙，发动机是决不会被非法启动的。”

“现在启动发动机，您听发动机怠速的声音很轻，不仅是发动机技术很成熟，而且发动机舱的隔声、整车的密封效果也很好,有几次别的顾客还以为发动机没启动呢”。

“现在我们要起步了,您可以感受一下起步时车辆的平顺性。”

2. 直线提速

“前面是一条直路,车辆比较少,路况较好,我们来试一试直线加速,请您坐好了。”

“Elantra 悦动的动力系统经过全新匹配与调校,动力强劲,推背感很强;不仅如此,还很省油,1.6L 和 1.8L 手动挡的综合工况百公里油耗只有 6.7L 和 7.5L,所以 Elantra 悦动不仅动力充沛,而且经济省油。”

3. 高速过弯

“前面要过弯了,我们进弯会减速,出弯会加速,看看动力系统与全新底盘系统的配合,您注意抓紧了。”

“您看 Elantra 悦动使用了全新的底盘,采用了加大尺寸的前通风盘,制动效果非常好;不仅转向很精准,而且侧倾很小,也没有出现侧滑和甩尾,非常稳定、安全、舒适,同时加速动力输出连贯平顺。”

4. 连续过弯

“前面有几个小弯,您感受一下 Elantra 悦动全新底盘的性能,主要是转向系统和悬架系统的性能。”

“Elantra 悦动采用了最新的拖曳臂扭力梁式后悬架,配合转向系统,转向循迹性非常好;连续过弯抗侧倾能力强,同时前后排座椅都配有侧面腰部支撑,车辆摆动很小,乘坐非常舒适;而且轴距达到 2650mm,行驶更稳定,具有良好的操控稳定性。虽然定位为家庭轿车,但依然能够满足您的驾驶乐趣;在行车过程中,变线、规避障碍物会很安全。”

5. 减速行驶

“前面的路段有减速段,需要减速慢行,我们试一下 Elantra 悦动的减速行驶性能。”

“Elantra 悦动的制动系统经过全新优化布置,制动管路大大缩短,配合加大加厚的前制动盘,制动轻轻一点就有,反应相当灵敏。”

6. 颠簸路段

“现在的路面比较颠簸,我们来试试悬架的减振性能和乘坐的舒适性。”

“Elantra 悦动的全新悬架不仅在行驶过程中转向灵敏精准,侧倾小,稳定舒适;而且悬架采用了充气式液压减震器,车身过减速段上下跳动比较小,乘坐也很舒适。”

“Elantra 悦动的车身采用很多加强结构,而且整车不同部位都做过隔声或吸音处理,同时四轮都使用了绿色静音轮胎,行驶在各种路面上,车厢内都很安静。”

7. 紧急制动

“最后,来试一下急制动,我会一脚制动踏板踩到底,您注意抓好拉手了。”

“Elantra 悦动配备了全新 8.0 版本的 ABS + EBD 电子辅助制动系统,刚才您在展厅也看到了,ABS + EBD 移到发动机后面的前围板上,离制动泵和车轮都很近,紧急制动时 ABS + EBD 会迅速工作,不仅方向性很好,很稳定,而且制动距离也很短。”

“Elantra 悦动制动距离在同级车中最短,100km/h 到 0 只有 41.7m;座椅都经过防滑处理,不仅人的前冲比较小,还不会向下潜滑,非常安全。”

8. 停车

“Elantra 悦动转弯半径比较小,后风挡和后视镜宽大,倒车视野很好;而且配备有倒车雷达,停车很方便。”

9. 试乘结束

“刚才您乘坐了一圈，线路和状况大概清楚了，下面一圈您来开车，注意安全，给您钥匙。”

试驾时：

(1)发动车辆，发动机怠速运转。

“给您钥匙，启动发动机，感受一下启动发动机与怠速时车内的静谧性。”

(2)起步。

“您看 Elantra 悦动的前风挡很宽大，视野很好，而且前风挡玻璃采用了低于 A 柱的凹陷式设计，如果是下雨天，刮下的雨水会沿着 A 柱向下流，不会飘到两边的车窗上，侧面视线也不会受到影响，开车更安全；而且这种设计，还有很好的导流作用，有利于减少风阻，配合整车造型，Elantra 悦动的风阻系数达到了跑车级的 0.29，不仅降低行驶的油耗，还可以减少风噪，提高了驾乘的舒适性。”

“Elantra 悦动采用全新的变速器，换挡非常平顺，既有驾驶乐趣，又有良好的节油性。”

“Elantra 悦动自动变速器采用阶梯形换挡布置方式，有效防止误挂挡位。”

“现在可以起步了，您可以感受一下起步时车辆的平顺性。”

(3)直线提速。

“前面是一条直路，车辆比较少，路况较好，您可以试一试直线加速，感受一下油门踏板的感觉和发动机动力输出的响应，以及变速器换挡的平顺性。”

“怎么样，反应很灵敏，换挡很轻，提速很快吧?”

(4)高速过弯。

“前面要过弯了，您可以感受一下高速过弯时，Elantra 悦动动力系统与全新底盘的表现。”

“制动灵敏、转向精准、侧倾很小，又稳定又舒服；动力输出也很连贯。”

(5)连续过弯。

“前面的路有几个连续弯道，您可以连续打方向，试试 Elantra 悦动的操控稳定性。”

“Elantra 悦动拥有比较好的驾驶乐趣，速度感应式的助力转向，手感适中，转向精准稳定；悬架循迹性好、侧倾小，加上长轴距，行驶稳定舒适。”

(6)减速行驶。

“前面的路段有减速段，需要减速慢行，您试一下 Elantra 悦动的减速行驶性能。”

“轻轻点制动，反应相当灵敏吧。”

(7)颠簸路段。

“现在的路面比较颠簸，您感受一下悬架的减震性能和乘坐的舒适性。”

“您看车身在过减速段时上下跳动比较小，噪音也很小，乘坐又安静又舒服。”

(8)紧急制动。

“最后来试一下急刹车，您只要轻握转向盘，一脚制动踏板踩到底，其余的就交给 ABS + EBD 电脑来做好了。”

“好了，制动踏板是不是有明显弹脚的感觉，那是 ABS + EBD 在工作，正常的；制动很灵敏、很稳定吧。”

(9)停车。

“您可以试着把车停到试乘试驾区，我们的试乘试驾就结束了。”

(10)试驾结束。

“两圈下来，相信您对 Elantra 悦动又有了进一步的了解。有些顾客以为 Elantra 悦动只是外观和内饰变了，其他的和老伊兰特没多大差别，其实像动力匹配、操控、舒适等性能的不同只有通过试乘试驾才能感受到，这些您应该有深刻的体会。”

“我们的试乘试驾活动会给您一份小纪念品，到展厅休息一下，喝点饮料，我去给您取。”

“您看这段时间我们来看车、参加试乘试驾的顾客很多，购车的可能会比较多，不知您打算什么时间订车，我好先给您准备，到时就方便了，看能不能提前一点。”

项目六　报价与签约

一、项目准备

自选一款市场上的在售车型，说明商品的价格、保险、付款方法（现金、分期付款）及各种费用。

二、实训教学目标

（1）明确报价说明、签约成交在标准销售流程中的目的和意义。

（2）了解报价说明、签约成交的主要流程与标准。

（3）掌握在报价说明、签约成交过程中关键行为和有关技巧，有效促进成交。

（4）通过演练更好地掌握报价签约的技巧。

三、实训设备及工具

一辆整车、相关表格资料。

四、教学组织

1. 教学组织形式

每辆车安排10名学生参与实训，一名学生扮演顾客，另一名学生完成报价/签约的相关工作，其余同学进行观察学习，并对该学生的介绍提出改进建议，10名学生依次进行展示训练。

2. 学生分工和要求

一名学生扮演销售顾问，按照报价签约流程进行演练，另一名学生扮演顾客，配合其完成工作任务，其余学生观察思考，纠正其错误，同时做好记录。

3. 实训教师职责

讲解实训步骤和注意事项，按照展示顺序进行检视、指导和纠正错误。

任务　报价与促成交易

情景描述：

某销售顾问在销售过程中已完成试乘试驾流程，现需向客户报价并商讨价格，完成销售订单。

任务目标：

1. 能明确报价说明、签约成交在标准销售流程中的目的和意义。

2. 能了解报价说明、签约成交的主要流程与标准。

3. 能掌握在报价说明、签约成交过程中的关键行为和有关技巧，有效促进成交。

4. 能通过演练更好地掌握报价签约的技巧。

学习内容：

1. 报价与促成交易。
2. 顾客异议的处理。
3. 制作合同与签约。
4. 成交失败处理。
5. 实训考核。

一、报价与促成交易

(一)报价的主要内容

(1)说明商品的价格。

(2)说明保险。

(3)说明付款方法(现金、分期付款)及各种费用。

(二)报价时销售顾问的要点

(1)利用汽车说明牌通俗易懂地向顾客解释商品价格。

(2)介绍商品之后,计算出所需金额(税金)等。

(3)使用报价表准确地说明商品价格。

(4)经常向上司汇报情况,获取恰当的指导。

(5)预备好价格/装备/保修条件等必要资料,随时准备介绍商品。

(6)对于有关登记、税金等,顾客必须亲自填写的文件,要详细说明,直到顾客充分理解为止。

(7)使用解说板,与顾客一边确认,一边解释各项费用。

(8)准备有关销售金融的讲解方案,介绍销售金融内容(利息率、支付年限、支付条件等)。

(9)当顾客表示想进一步了解的时候,可使用销售金融指南来说明合同条件、支付费用、手续费、手续等。

(10)如果自己不能胜任,请能够胜任的人来负责解答问题。

(三)报价的工具

(1)汽车说明牌。

(2)报价表。

(3)解说板。

(四)报价的技巧

1.“三明治式”

三明治式的方法分为三个步骤:

(1)总结出你认为最能激发出顾客热情的针对顾客的益处。

(2)这些益处应该能够满足顾客主要的购买动机,清楚地报出价格。

(3)强调一些你相信能超过顾客期望值的针对顾客的益处。

2. 其他方法

(1)价格最小化。

例:一张保单的价格是3650元,你可以说:“以10年计,其实每天才1元钱。花上1元钱就能保障家庭的安全,你认为值得吗?”

(2)价格比较法。

例:"这么好的衬衫,价格才和两张 CD 一样。"

(3)将价格转化为投资额。

例:"使用了这套经济型供热系统,10 年内剩下的燃气费用是这套设备价格的两倍。"

(4)制作资产负债表。

例:"你为培训投资了 5100 元,如果 12 个参加培训的销售员中的 1 个使用了 1 个学到的技巧,而得到了一个 12000 元的订单,那你的投资回报是多少?"

(5)增加利益法。

强调拥有这样产品所带来的利益与益处"报价",总结。

(五)购买信号

(1)"何时可以交车?"

(2)要求再度试乘试驾。

(3)询问一条龙服务、交车细节。

(4)讨论按揭、保险。

(5)反复回展厅看车。

(6)带亲人、朋友来看车。

(六)购买信号及结束技巧

1. 购买信号定义

购买信号是顾客渴望拥有这样产品的表达方式。

2. 肯定猜测式

假设已经成交。你以肯定的态度显示出自信。

例:"您准备付现金还是刷信用卡?"

3. 两种选择式

提供两个肯定的选择给顾客。这不是一个"是与不是"之间的选择。

例:"您要我们星期二还是星期三送货?"

4. 开放式提问,然后保持沉默

沉默比提问更重要,许多销售员往往等不及答案出来,就试着去说服顾客,这是一个大错误。

(七)客户潜在的购买心理

如何处理"我再考虑一下"。

(1)提供时间与空间,让顾客在展厅再考虑一下,或与亲朋好友协商。

(2)尽量制造机会,使顾客在不离开展厅的情形下作出决定。

(八)促成时机

客户肢体语言显露出端倪:

1. 下决心时的肢体语言

紧张,猛吸烟,无意义翻阅说明书,玩笔, 手脚无意义的连续动作,询问家人朋友意见。

2. 下决心后集客活动行动的肢体语言

心情轻松,与你谈话时身体前倾接近你,对你提出的问题或要求都极力配合,表情愉快,点头赞许。

成交谈判不怕太早,不怕太多次。只怕迟迟不做,不敢做,就会丧失机会。

（九）促成试探

促成试探就是销售顾问对客户提出有关成交的每一个问题。

二、顾客异议的处理

（一）抗拒的产生

具体步骤：

提问："在产品介绍阶段的最后一个问题是'这样的产品，适合您吗？'顾客的回答是怎样的？"

回答1："对不起，不是，我的意思是……"

这种回答传统上认为是抗拒的表现，其实并不是。这只是销售员没有把顾客需求评估做好的一种表现而已。

回答2："哦，对，就是它，但……"

这就是真正的抗拒，抗拒是一种顾客感兴趣的表现，没疑问也就没有认真的购买动机。

提问："为什么顾客有抗拒？理由是什么？"

在某些方面需要确认，要了解更多有关细节的信息，澄清一些疑问、关心的问题和误解。

以下列出了最常见的抗拒以及背后的理由：

我不相信你	信心
我不相信你的公司	信心
我不相信这样产品能用	信心
我不肯定我需要它	需求
太贵了	购买力或需求
没有预算	购买办或需求
不信服	信心或需求
我以前用过	信心
需要考虑	信心
我要与其他品牌比较	信心
对质量不够满意	信心或需求

（1）对付抗拒的最好办法就是防止它的出现。

（2）与需求评估时一样，一个优秀的销售员的工作就是找出没有说出口的抗拒及造成它的原因。

（二）抗拒处理技巧

具体分为如下三个步骤：

（1）明确抗拒所在。

使用"太贵了"的例子。

（2）同意及中立化。

销售员同意的是顾客的感情与想法，而并不同意抗拒本身。中立化是指与顾客一起分享产品建立起了更多的价值。在顾客式销售中，处理的不是抗拒，而是处理产品所代表的价值。因此，销售的目标不是与顾客争吵，以求打消他的念头，而是将自己产品价值的层次推得更高。

（3）提供解决方案。

了解顾客在进一步听取了你提供的信息后，感受如何，有没有消除他的担心。

"抗拒处理技巧"包括:

(1)倾听抗拒。

联系"积极式的聆听"单元。强调最好引导顾客由他自己说服自己。

(2)复述抗拒。

复述是指你将顾客的抗拒问题的形式再讲一遍。这个技巧能给你更多的时间来考虑答案。但使用不能过于频繁。

(3)对抗拒表示认同。

建议只在对一些很少的抗拒上使用。这样会赢得顾客的敬意。

(4)转化抗拒。

将抗拒转化对顾客的好处。建议在与主导型行为的人打交道时使用这个技巧。

(5)增加利益法。

强调拥有这样产品所带来的利益与益处将抗拒引开。

当顾客对你的产品或者说服务既有肯定又有否定时,使用这项技巧,将顾客引到正面的方向上。

(6)徇抗拒。

与报价联系起来。建议在处理抗拒的最后阶段使用,将优点与缺点总结在一张纸上。这种技巧在处理报价抗拒时效果最佳。

(7)否认抗拒。

在很少的情况下使用。只有在你和你的公司受到攻击和无理指责时才使用。在其他场合应避免使用。

(8)"如果"式。

销售员答应顾客做一些他喜欢的事从而得到这张订单。建议顾客在犹豫,做不了决定时使用。

(9)将来式。

建议顾客尽快购买,以免情况发生变化。例:"根据公司的政策,我们将会在4月调整价格,因此我建议您要买的话,不要迟于3月。"

(10)试用式。

销售员在一般时间内顾客可以免费使用设备。这在顾客对产品的益处还持怀疑态度可以使用。

(11)循序渐进式。

这是一种最常用的结束方式。销售员讲述了各种选择方案并进一步与顾客达成一致。

三、制作合同与签约

(一)空白订单法

当你问了客户一个成交的问题:

结果是沉默→比耐性。

客户回答:

答案一:同意你的意见。

答案二:告诉你一个不想买的理由。

(二)二择一法

豆浆店:客官你要加一个蛋还是两个蛋?

是分期还是现金?

黑色还是红色?

星期一交车还是星期二?

(把你要的答案放在最后面)

(三)富兰克林平衡法(最终成为数字比较)

销售顾问需完全了解本品牌及竞争品牌的优劣点,销售顾问也必须提出本品牌不具影响的小缺点,以示公平。当使用此法时,尽量请客户提出他的看法并列入表内。客户提出本品牌的缺点或存在的异议是关键点。

富兰克林平衡法见表6-1

富兰克林平衡法 表6-1

A 品 牌				B 品 牌			
缺点	$	优点	$	优点	$	缺点	$
	-		+		+		-
	-		+		+		-
	-		+		+		-
	-		+		+		-
	-		+		+		-
	-		+		+		-
	-		+		+		-
	-		+		+		-

(四)签约时的销售顾问要点

(1)认真正确地填写合同中的各项内容,例如:车型、车身颜色、选购件、附属件、支付条件、支付金额、交车预定日期等,请顾客再次确认。

(2)记录下顾客与你谈定的事情,谨防遗忘,并进行确认。

(3)签约时,要向顾客表示感谢。

(4)当商谈进行得不顺利时,即便没能成交,也要一如既往地对待顾客,倾听顾客的意见,寻找出下次说服顾客的方法,努力以良好的态度结束商谈。

四、成交失败处理

(一)延期的成交法

当听到客户说没时间或是下次再谈时,的确不是好预兆,请特别小心处理。判断其意是正面或负面,约下次见面时间。利用下次见面前想出创意点子,好消息。在下次与客户见面前先将自己的创意点子或能给客户惊奇的好消息事先演练。

当与客户见面时请不要问“先生您考虑好了没有?”你一定知道他的答案。

用高兴积极的态度告诉客户一个能令他兴奋、喜出望外的好消息,才可能使其逐渐冰冷的心境回心转意。

(二)次要问题成交法(易难渐进法)

(1)金额变小,风险责任分散。

(2)次要问题成交法对非果断客户较为有效。

(3)你要恒温空调还是一般空调。

(4)你要豪华型还是标准型。

(5)你要加大轮胎还是标准轮胎。

(三)针锋相对法

以客户的反对意见或要求转为成功的销售缔约:

你有分五期的贷款吗?我的钱有些不够。

你有红黑双色车身颜色吗?

你有恒温空调的设备吗?

可先用询问法得知他为何这么需要他所指定的条件,有时可赚取额外收入。

(四)道歉成交法

道歉成交法情景描述:

当你陷入谈判失败时,这是可用的一种办法,中国古话叫它为"苦肉计"。你收拾文件用具一脸沮丧就如斗败的公鸡,收拾好皮包慢慢起身准备离开,当你屁股离开座椅时,用真诚而颓废的语调,表情很沉重的告诉客户(客户是有权决定者,其他人无效)"在我走之前请让我向您慎重道歉,我真是一个差劲的销售员,这么好的车子,如果我能让您真正了解它的好处,可能下周您全家就能坐这部新车风风光光地回家,您岳父一定非常高兴看到你们。但是!但是!但是都是我的错,我是靠推销汽车为生!我下次不能再犯同样的错误!是不是可以告诉我,我是什么地方说错了或说得不好,我将真心诚意地感激你。"接着沉默闭嘴。

表情动作要逼真才会成功,客户:"啊!对不起,不是这样啦。"开始回心转意了,或告诉一个原本深藏内心不告知你的理由。

(五)最后异议成交法

最后异议成交法情景描述:

首先倾听,不要犯一般销售员的错误,只听了几个字就以为听懂客户全部的意思插嘴、提问、解释都是不会成功的。当客户提出一个问题,例如你这部车太耗油了,而拒绝购买时。要眼睛瞪得大大的,一脸吃惊的表情,带点悲伤重复他拒绝的理由,"张先生,您的意思是……我们的车子太耗油了?"这时你好像斗败的公鸡,也好像技穷已无法解决此问题。第三步扣住问题:张先生,假如不是耗油量大您会同意买我们的车子吗?这也是我们唯一的问题;第四步,张先生您真的认为耗油有这么严重吗?疑问并等待客户回答,绝对不要说话,只要一脸疑惑表情凝重,凝重,再凝重!这时,客户忍不住也同情你所表现出来的悲伤开始解释。那就进入了设定的范围,他愈解释愈觉得自己小题大做,愈局限在这个问题上了,我们认为一个成熟的推销员有能力去解决这种类似的问题。

成败关键:

在创意戏剧中,角色扮演的好坏是成败的关键。销售员可用有点泄气可怜的样子博取客户的同情心,大部分的人富同情心并同情弱者。转折点在第四步,表示疑虑并反问客户你觉得油耗对你来说很重要,对你的经济预算有很大的影响吗?当客户再解释时就进入需要的转折点,他更加局限在这个问题上了,很多经验告诉我们,当客户解释愈多次的过程中,他会觉得自己有点小题大做。

(六)我要考虑考虑的成交法

我要考虑考虑的成交法情景描述:

我不是仓促作决定的人，请让我考虑考虑。

我们回答，先生，一部车好几万当然要慎重考虑考虑，而且慎重考虑的人才是真正要买车的客户对吗？这时客户因为你同意他的立场而放松心情。

请销售员想出5个或10个对自己负面的说法如下：我说得不够好，我们的产品不够好，我们服务不够好，我们公司不够好，让您不信任，那都是我的错。

【案例1】

客　　户：这个价格太高了，旁边那一家比你们还低2000元。

销售人员：不可能吧！我们都是同样的4S店，都是统一的价格。

客　　户：怎么不可能，刚才他们才告诉我的。

销售人员：那我们赠送您的装饰也超过了2000元了，不是一样的吗？

客　　户：当然不是，他们除了便宜2000元以外，还可以再送我1000元的装饰。

销售人员：既然那家销售商给您那么优惠的条件都没有让您动心，我想请教一下是不是有其他的原因让您不选择他们？

客　　户：其实也不完全是这方面的因素，只是我进到他们的展厅后，总感觉到有什么地方不对劲。

销售人员：能不能说得具体一点。

客　　户：虽然他们的价格是比较优惠，但总感觉他们的人员素质比较差。

销售人员：您真是一个行家，买汽车不像买别的商品，因为在中国目前还不可能做到汽车买了以后还可以退，所以风险很大。特别是最重要的售后服务，只有专业人士才可以提供一个良好的服务。我们在销售的时候不是靠价格来赢得客户，而是靠良好的售后服务给客户提供使用保障，目的就是让客户放心。您看，我说得对吗？

客　　户：我也是这么考虑的，所以才犹豫不决。

销售人员：其实，通过您的考察，我相信您已经认同了我们公司具备提供良好服务的实力，也不用担心某一天您找不到服务商，虽然价格上没有办法再作进一步的让步，这一点相信您也是能够理解的，是吗？

客　　户：是的。

销售人员：这样说来，服务品质与保证胜过价格上的优惠，您看我说得对吗？

客　　户：是的。

销售人员：既然这样，您非常中意这款车，而且也希望找到像我们这样具有专业服务能力的公司来为您提供服务，那么，请您看一下这份合同，如果已经符合您的要求的话，请签个字，明天下午您就可以来提车了！

客　　户：好的！

在这个例子中，由于这位销售人员始终牢记“除非客户已经成交，否则不能轻易让他们走出展厅”的信条。因而，他能够针对客户的意见，提出了客户为什么不选择他认为便宜的那家销售商的问题，让客户明确了影响他决策的原因，最终解决了客户疑点而成交。当然，也有客户当销售人员提出这个问题的时候不给予回答，最终还是不接纳销售人员的意见的，但毕竟这是做了争取后的失败，这样比主动放弃会赢得更多的成交机会。

【案例2】

客　　户：这款车我已经看了很久，就是定不下来是否要买。

销售人员：我想请教一下，您至今定不下来的原因是什么？

客　　户：其他的方面我都认可了，特别是性价比这方面，但就是因为它是一个国产品牌。

销售人员：那么您主要看中的是该车的哪些方面？

客　　户：我的朋友告诉我，买车一定要选发动机，这是汽车的心脏，这款车最吸引我的就是发动机，原装进口，有85kW的输出功率，有139N·m的输出扭矩，1.6L的排量超过了很多2.0L排量的汽车，特别是在我们这样山高坡陡的地方，用起来会非常好。

销售人员：您说得太对了，汽车如果发动机不好，就无异于一个人的大脑出了毛病。这正是很多客户愿意购买这款车的一个重要原因，而且就像您说的那样，该车性价比非常高，不到10万元，却具有将近20万元品质。不过，您是否发现这款车与其他的车不同的地方？

客　　户：什么地方？

销售人员：这个品牌的轿车在生产过程中，实施了其他车还没有完全采用的工艺，即空腔注蜡工艺。

客　　户：这个工艺有什么作用？

销售人员：作用太大了，您知道，汽车的车体都是铁做的，像您所在的这个地方空气湿度比较大，汽车使用一段时间后容易生锈。一旦生锈，将会大大缩短汽车的使用寿命，而且没几年，外面的油漆就会因为内部锈蚀而脱离，这肯定是您最不愿意看到的。

客　　户：真是这样的？

销售人员：不信您可以问一下，其他知名品牌的汽车是否采用了这样的生产工艺。除此之外，该品牌的车在底盘上都喷涂了PVC防护材料，能有效地阻隔行驶过程中地面的飞溅物（像碎石、泥浆、沙子等）对底盘的损伤，大大提高底盘的使用寿命。现在有一些车主买了车后还专门到汽车装饰行作底盘的PVC处理，就是这个原因。

客　　户：哦，原来这个品牌的轿车有那么多的优势，如果我还犹豫的话，就是“有眼无珠”了。

销售人员：其实，仅从使用的角度讲，您也可以买不具备这些条件的车型，只不过您就要承担上面我们所谈到的这些风险，那么您的爱车的寿命将会受到影响和威胁。您愿意这样吗？（指出客户不作出购买决定将会遇到的痛苦）

客　　户：肯定不愿意！

销售人员：既然这样，还犹豫什么，赶快把这款车开回去吧！

五、实训考核

角色演练，考核重点：报价说明、签约成交的流程（表6-2）。

报价说明、签约成交的流程　　表6-2

流程	序号	流　程　点	分值	得分	具体描述
合同洽谈	1	在洽谈区专心处理客户签约事宜，谢绝外界一切干扰，表示对客户的尊重	5		
	2	准备销售文件夹，内应包含商谈记录表，保险说明文件，《精品洽谈表》，《分期付款计算表》，《销售意向表》，《上牌手续及费用单》，销售合同；详细说明车辆购置程序和费用，提示客户注意事项	10		
	3	耐心回答客户的问题，清楚解释所有的细节内容	8		
	4	对报价内容、付款方法及各种费用进行详尽易懂的说明，耐心回答客户的问题；如是按揭购车，要向客户说明按揭购车的流程	8		

续上表

流程	序号	流　程　点	分值	得分	具 体 描 述
合同洽谈	5	在报价说明得到客户认可后，拿出销售合同正本，适时主动提出签订销售合同	5		
	6	以端正字体准确填写合同中的相关内容，例如：客户信息、车辆信息、销售价格、付款方式、约定事项、交车时间等，记录下客户与你约定的其他事项，请客户查阅并签字	5		
	7	销售经理要对合同内容进行检查并签字确认	5		
	8	引领客户前往财务部门缴纳订金或全款，合同上加盖财务专用章，并向客户开具财务收据或发票，并且协助客户清点确认票据	8		
	9	确认客户的付款方式，如现金、支票、汇款、承兑汇票、存折、刷卡等，告知相应的到账时间和可能产生的影响	8		
	10	合同生效后，销售顾问要将客户留存的合同副本及相关资料票据等归纳集中，放入印有品牌名称和经销店名称的文件夹中，双手递交给客户	10		
	11	将合同信息当日录入经销店的客户管理档案	5		
	12	随时掌握库存状况，预留相应时间后告知客户交车时间，并取得客户认可	5		
	13	客户等车期间，销售顾问要主动保持与客户的联络，让客户及时了解车辆的准备情况，避免订单流失，并向客户讲述代办车辆入户的业务流程，若交车有延误时，应第一时间通知客户，表示歉意，告知解决方案，取得客户认同	8		
	14	当客户提出再考虑一下，或要与亲朋好友协商时，要提供时间与空间，不要刻意纠缠，但尽量制造机会，使客户在不离开展厅的情形下作出购买决定	10		

项目七 新车交付

一、项目说明

交车是与顾客保持良好关系的开始,也是在购车过程中洋溢着喜悦气氛的时刻。交车时,顾客的心理会发生很大的改变,一方面顾客会希望自己的新车能按时、按要求交货;另一方面,顾客也会对自己新车的一些操作和维修问题特别感兴趣,因此销售人员必须留出充分的时间来帮助顾客了解这些内容。这个过程中,销售人员可以通过标准的交车流程和车辆与服务的高品质让顾客对汽车销售公司的服务体制及商品保证有高度的认同,进而提升顾客满意度。

交车过程中,顾客的心理防线会相对松弛下来,但此时销售人员的精神状态则要高度集中,销售人员应当拿出最专业的水准来帮助顾客完成整个交车仪式,并能让顾客在整个过程中都能感受到销售人员的热情和愉悦的心情,将顾客的喜悦心情带到极点。

新车交付在标准销售流程中起承上启下的作用,是与客户保持良好关系的开始。交车是客户最兴奋的时刻,通过标准的销售流程,使客户拥有愉快满意的交车体验,可以有效提升客户满意度,保持长期的友好关系。同时也让客户对该汽车企业的产品与服务产生高度认同,发掘更多的商机。

规范的交车动作有助于经销商形象的提高,尤其在顾客已交款后经销商还能以顾客至上的态度完成整个交车流程,对用户满意度的提高是有极大帮助的。

二、项目准备

交车是指在约定时间把符合订单内容的车辆呈交顾客,为顾客提出参考建议的系列活动。对于大多数客户来说,车辆的移交是决定、等待和期望过程的高潮。对他来说,车辆移交是一段值得纪念的经历。

该实训项目的准备阶段,需要掌握模拟实训车辆的技术参数、性能特点,考虑客户在交车过程中的心理活动及期望,为车辆的顺利交接奠定基础。

三、实训教学目标

(1)掌握新车交付的流程及注意事项。

(2)掌握新车交付的主要内容。

四、实训设备及工具

一辆整车,车辆文件,随车工具。

五、教学组织

1. 教学组织形式

5 名学生 1 组进行模拟演练,根据学生掌握情况,可以自编自演情景剧。

2. 学生分工和要求

5 名学生 1 组，其中一名扮演销售顾问的角色，另外 4 名同学扮演客户及其伙伴。销售顾问应按照车辆交付的流程及要求向客户逐步移交车辆，其他同学可以针对销售顾问的操作提出问题或请求。

3. 实训教师职责

讲解实训步骤和注意事项，按照车辆交付的内容及顺序进行检视、指导和纠正错误。

4. 学生职责变换

1 名学生演示完毕后，其他 4 名学生轮换扮演销售顾问及客户角色。5 名学生依次轮换进行。其他小组的学生可以充当评委进行观摩。

六、工作流程

新车交付的主要流程如图 7-1 所示。

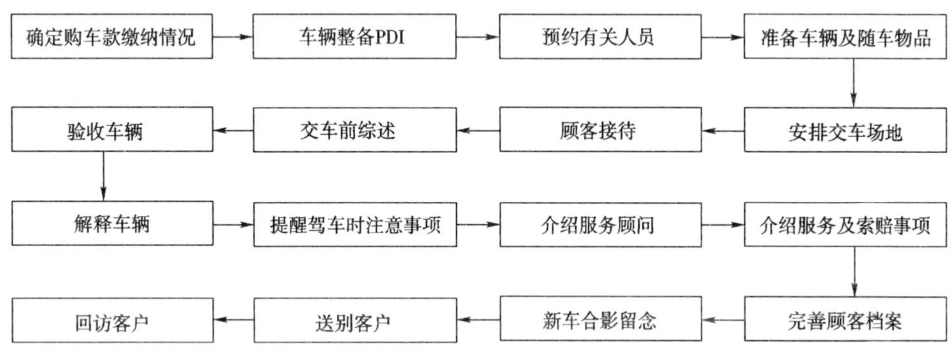

图 7-1　新车交付流程图

1. 交车前准备

包括车辆整备 PDI、有关人员的预约、准备车辆及随车物品、安排交车场地四个环节。

(1) 车辆。

交车前一日，由售后服务部门支持完成新车 PDI（选装件安装），销售顾问再次确认并在 PDI 检查单上签名确认。

清洗车辆，保证车辆内外美观整洁（含发动机室与行李舱），车内地板铺上脚垫。重点检查灯光、车窗、后视镜、烟火缸、备用轮胎及工具，校正时钟，调整收音机频率等，在卫星导航系统上事先设定经销店的位置。

切忌：

①车辆脏乱不堪，尤其是轮胎、油箱盖等隐蔽处、车门内侧。

②未清洗发动机室，积灰严重。

(2) 文件。

随车文件：使用手册、保护保养手册、快捷使用手册、使用光碟、合格证、出厂车检验单、车架号、发动机号拓印本、回函等。

各项缴费收据及发票。

其他相关文件：费用清单、交车确认单、交车服务验收清单、满意度调查表等。

(3) 人员。

在前一天的营业日报表的上事先详细填写，并告知直接主管人员。

前一日告知售后服务部门并邀请其参与及协助。

明确告知销售经理、服务经理、客户经理等相关人员预约的交车时间，让他们了解客户信息，如遇 VIP 客户，总经理要出席。

(4)费用。

车款、购置税、车船税、保险费、装潢费、牌照费、行驶证费、产证费、养路费、代办费(服务费)。

(5)交车的电话预约。

车辆到达公司后，销售人员应在第一时间将信息告知顾客，并跟顾客商定交车时间。通常采用的方式都是电话预约，电话预约的内容包括以下几点：

①销售人员应告诉顾客交车所需要的时间较长。

②询问顾客最方便的交车时间和地点。

③询问顾客交车时，将与谁同来(销售人员可以事先做准备)。

④销售人员应询问顾客是否需要安排车辆进行接送。

⑤销售人员应对顾客表示祝贺。

电话预约过程中，销售人员一定要注意礼貌问题，要注意语言措辞，要让顾客感觉到自身被重视。此外，电话预约过程中，销售人员一定要注意跟顾客之间的确认信息并作记录，对一些重要内容(例如交车的时间和随行人员等)，销售人员在通话过程中应跟顾客再次确认，并及时记录。在交车前一天，销售人员应再次跟顾客进行电话确认，防止顾客忘记。

(6)进行场地布置。

销售人员应事先布置好交车的场地；要确保场地没有其他用途，并打扫干净；要在交车区域内最明显的位置设立标示牌及标准作业流程的看板和告示牌，并要在展厅入口处设置好恭贺牌。

在进行场地布置时，其要点如下：

①车辆整备工作务必要在交车前进行，以免在交车过程中检查出问题导致用户强烈的不满而影响满意度甚至交易的达成。

②和用户预约交车时间后通知服务站相关人员参加，如遇困难则由销售经理出面协调解决。

③交车前，对车辆里外一定要进行清洗，保证车辆内外美观整洁。注意校正时钟和调整收音机频道。根据当地风俗，可以将车辆进行简单装饰，如：布置彩绸和鲜花等。

④点验随车物品。

⑤交车场地一定要布置妥当。

2. 交车过程

交车过程包括以下几个环节：顾客接待、交车前综述、验收车辆、介绍随车物品、提醒驾驶时需要注意的问题、顾客接待、解释所交车辆、介绍服务及索赔政策、介绍服务顾问、完善顾客档案、新车前合影留念。

(1)交车当日的接待。

在展厅门口设立欢迎立牌，祝贺客户提车。

销售顾问(主管或经理有空时也可参与)到门口迎接并祝贺客户。

为客户挂上交车贵宾的识别标志。

经销店每位员工见到带有交车贵宾识别标志的客户均应热情道贺。

引领客户至商谈桌(室)坐下,并提供饮料。

利用流程图或缩影文件向客户概述交车流程和所需的时间并征询客户意见。

利用准备好的各项清单与客户结算各项费用。

移交有关的物品:用户手册、保修保养手册、保险手续、行驶证、车辆钥匙等。

文件手续工作应在最短时间内完成,如有必要,其他部门人员应到场协助避免客户奔波及久等。

用户手册结合车辆实车说明使用。其余各项文件皆应打开逐项逐条说明,让客户了解,并提醒客户详细阅读。

注意饮料的添加。

切忌:

①交车时口头说明,未使用相关资料。

②交车时未充分照顾客户,忙于书面文件的填写。

(2)车辆的点交。

销售顾问将客户带到新车旁,利用《交车检验表》首先确认车辆并点交原厂配件、工具、备胎、送构件、装潢件等。

陪同客户绕车检查,分享客户欣喜的心情,同时携带一块毛巾及清洗剂,因为新车难免有洗不净的印记,须随时替客户清除。

点交完车辆后,还须点交证照、票据等书面文件,与客户逐一核对,需勾选签字的地方恭请客户签名,同时准备好签字笔。

确认无误后装入资料袋,交给客户。

提醒缴纳养路费、车船税的时间、客户续保、年检的时间,并告知地点。

实车说明与试车:

结合《用户使用手册》,针对要项,向客户介绍如何操作,每一个开关,每一个步骤须讲解清楚,切忌用“你自己回去慢慢找”、“用户手册上有说明的”等语句,并依据客户的了解程度进行说明。

发动机室、电气部分、随车工具、备胎及其他操作功能。结合《用户使用手册》,针对要项,向客户介绍如何操作,每一个开关,每一个步骤须讲解清楚,切忌用“你自己回去慢慢找”、“用户手册上有说明的”等语句并依据客户的了解程度进行说明。

如客户对车子的操作或功能仍不熟悉,应开车带客户行驶一段,边开边做介绍,然后换手让客户开一段。换手时应主动为客户开启车门,请客户坐上驾驶座,并协助调整座椅、转向盘、后视镜等。

如客户(刚领驾照)对车子的操作或功能仍不熟悉,应开车带客户行驶一段,边开边作介绍,然后换手让客户开一段。换手时应主动为客户开启车门,请客户坐上驾驶座,并协助调整座椅、转向盘、后视镜等,并且帮助完成个性化设置。注意儿童安全锁使用,告之加油操作步骤及油品要求。

(3)保修事项与售后服务说明。

奉上《用户手册》、《简易操作手册》,同时介绍车辆检查、维修的里程及日程,重点提醒首次保养的服务项目和公里数以及免费维护项目。

说明保修内容和保修范围,强调保修期限。

提醒客户在新车磨合期中的注意事项。

介绍售后服务的营业时间、服务流程及服务网络、服务特色等。

引导客户至维修车间参观并介绍服务经理、维修接待等人员及交换名片。

说明发生故障时的联系方法与手续。

①在交车区销售顾问介绍客服、售后接待等人员及交换名片。

②售前和售后的衔接。

③售后经理向客户介绍售后流程及其注意事项。

④让客户感觉到，今后的维修接待是对客户进行一对一的管家式服务。

⑤保养手册必须打开并面向客户，让客户明确看到保修政策的内容。

⑥维修接待介绍车辆检查、维修的里程及日程，重点提醒首次保养的服务项目和公里数以及免费维护项目。

⑦维修接待说明保修内容和保修范围，强调保修期限。

⑧提醒客户在新车磨合期中的注意事项。

⑨介绍售后服务的营业时间、服务流程及服务网络、服务特色等。

(4)交车仪式。

在所交新车的发动机罩上放置红色花球，用托盘准备好车钥匙、鲜花、CD 等小礼品。

销售经理、服务经理、客服经理等人员出席参加交车仪式，销售服务店有空闲的人员都可到席参与交车仪式并向车主道贺。

销售经理/展厅经理进行现场组织，指挥公司人员在车旁列队。

由总经理/销售经理/展厅经理奉上鲜花(由女宾赠与女宾)，再将车钥匙交与车主，同时向其家人赠送 CD 等小礼物。

现场全体人员与新车合影留念，影毕全体鼓掌并表示祝贺。

(5)欢送客户。

销售人员取下车辆上的绸带、花球，如有必要，亲自陪同加油。

告之客户将来可能收到销售或售后服务满意度电话或问卷调查，请客户予以支持。

请客户推荐有望客户前来赏车试车。

再次恭喜并感谢客户。

微笑目送客户的车辆离去，挥手道别一直到看不见为止。

详细填写“客户信息卡”，交予客服部。

估计客户到家后再致电问候客户。

要点：

①销售人员迎接顾客并将其领至交车间，销售经理应主动到交车间向顾客问好。

②交车前简单向顾客介绍交车流程和大致所需时间，以便顾客能有所准备。

③车辆验收参照 PDI 检查项目，并让顾客签字确认。

④依照《随车物品验收单》与顾客当面清点随车物品。

⑤如用户选装精品附件，则依照《精品装饰检验单》验收，并让用户签字确认。

⑥依照《车辆解释要点》向用户介绍车辆以及随车工具的使用方法。

⑦依照《新车驾驶注意事项》提醒用户驾驶新车时需要注意的问题，尤其是磨合期的注意事项。

⑧介绍服务顾问可以看成是销售与售后之间业务的交接过程，是留住服务顾客最简单有

效的方法。无论在任何时候,服务顾问都要在交车的时候预留出时间。在介绍服务顾问的时候,服务顾问务必表明自己的身份。

⑨服务顾问利用交车时间介绍服务站地址,联系方法,索赔项目,预约服务的好处等。

⑩完善前期跟踪中无法得到的用户信息,如身份证号和完整的联系方式等。

⑪交车结束前邀请用户与服务顾问在新车前合影留念,并再次向用户祝贺。

(6)从顾客的角度出发,来确定成功交车的标准。

在所承诺的时间内交车。

确保车辆内外的清洁。

确保车辆的所有装置均处于正常工作状态。

交车时,油箱内加适量燃油。

向顾客详细说明车辆的性能以及各控制装置的操作方法。

向顾客详细说明车辆的保修期及维护保养周期。

确保顾客知晓如何在经销店进行车辆的维修,将顾客介绍给维修部门的人员,并确定首次维护保养预约。

在一个合理的时间段内,完成全部交车过程。

3. 交车后续工作

包括将联系人信息录入客户管理系统及 3 天内将合影照片和感谢信寄给用户两个环节,联系人基本信息见图 7-2。

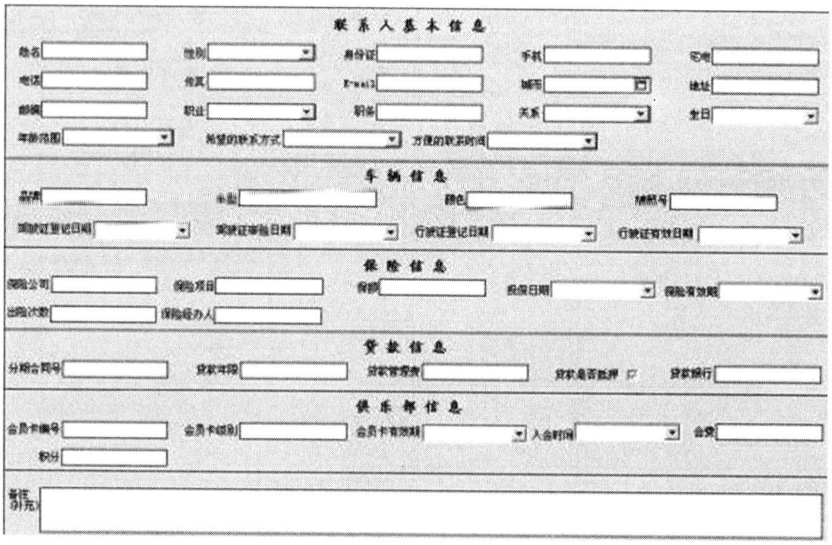

图 7-2　联系人信息图

要点:

(1)销售顾问应将获取的用户信息及时维护到 CRM 系统,以便后期进行客户关怀,特别是销售流程前期无法获取的用户信息,如身份证号码、其他联系人信息等。

(2)销售顾问将交车照片和有总经理签字的感谢信寄给顾客,可以选择传统邮寄或电子邮件,视方便程度而定,交车检验表见表 7-1。

(3)销售顾问在做第一次回访的时候应询问客户是否收到照片和感谢信,回访内容见表 7-2。

交车检验表

表7-1

1. 检验车号：

2. 检验日期：

3. 零售商代码：

4. 车型：

5. 检验内容

检验内容	状况		检验内容	状况	
	正常	非正常		正常	非正常
车辆车架号			雾灯		
核对合格证与车辆车架的车号			脚灯		
钥匙			顶灯，阅读灯，手套箱灯		
钥匙			电动摇窗，防反锁按钮		
遥控装置			雨刮水及喷水装置		
			外后视镜及调节装置		
外表			喇叭		
油漆			收放机，CD机，后座音响控制		
车身			空调性能，及前后出风口控制		
车门，发动机盖，行李舱盖，加油门			驻车制动		
保险杠，所有的防擦饰条			座椅调节		
外后视镜，车顶雨槽，开门把手			中央锁控		
通风栅天线，铬饰条，字微及字饰			空挡安全启动开关		
前后挡风玻璃，橡胶密封条					
门窗玻璃，导向槽及门延缓器			内饰		
前后车灯，侧转向灯，雾灯			门板内饰，门测边保护饰条		
轮胎及气压			内饰板，车顶饰板，地毯		
			中央搁手部分，座椅，保险带		
发动机室			仪表板，仪表，导向装置		
发动机盖的开启及保险钩			方向盘及操纵机构装罩，手套箱		
发动机冷却液			收音机，空调操作面板		
发动机机油			电化向后视镜及支架，时钟		
动力转向机油			点烟器，烟存缸，饮料架，遮阳板		
制动液			开关及组合开关面板		
风窗清洁剂					
电池			车底部（可视部分）		
线路，操纵管线的固定及线路走向			发动机，变速箱，悬挂		
油管、气管，油罐及接头，夹箍			汽油箱及油带		
发动机异响			转向机构，排气系统		
发动机室其他附件			制动系统及其油管		
电气部分			行李舱		
仪表指示			随车工具		
远光灯，进光灯及变光			备胎		
转向灯，侧面转向灯			随车文件		
尾灯			选装灯		
制动灯			1.		
警告灯			2.		
倒车灯			3.		

6. 备注

7. 签署

库存管理人员签字 ________ 日期__________ 顾客签字__________

注：1. 如有质损维修，本单位应与修理单一同保存。

2. 在备注栏，可对质损作进一步说明。

回访记录表 表7-2

序号	J. D. POWER 调查内容	序号	评核项目	是否执行
1	在交车过程中答复您提出疑问的能力	1	BAK 培训	是□ 否□
		2	产品知识培训	是□ 否□
		3	自学手册与光盘的应用	是□ 否□
		4	保险理赔处理知识	是□ 否□
		5	车辆保养、维修零件及工时的知识	是□ 否□
		6	销售顾问是否明确逐一交接并仔细向顾客说明车辆文件、上牌单证与费用单据?	是□ 否□
2	在交车过程中的礼貌和友好态度	1	交车过程中面带微笑	是□ 否□
		2	经常使用客气语	是□ 否□
		3	讲话语气平和友善	是□ 否□
		4	解说每项事物后,寻求客户的了解与认同	是□ 否□
		5	销售服务店人员见到交车客户是否都会主动恭喜祝贺?	是□ 否□
3	交车中对您(而不是其他客户)的关注程度	1	交车同时不做其他工作	是□ 否□
		2	没有同时接待其他客人	是□ 否□
		3	有过长的电话交谈	是□ 否□
		4	有主管以上人员参与交车	是□ 否□
4	您的车的状况(无凹陷、划痕,等)	1	陪同客户检查车身无凹痕、划痕等	是□ 否□
		2	各类灯饰无水雾现象	是□ 否□
		3	轮胎的气压充足	是□ 否□
		4	前后挡,门窗玻璃,后视镜无划痕及破损	是□ 否□
		5	各类装饰件完整	是□ 否□
5	车的整洁程度(洗过、无污点、等)(含车内部)	1	清洗车辆	是□ 否□
		2	车身水痕擦拭干净	是□ 否□
		3	车内部清洁,内饰完整(含后厢)	是□ 否□
		4	陪同客户绕车时,携带干净毛巾擦拭车身上污垢及指痕	是□ 否□
6	如何向您完整解释用户手册	1	利用用户手册向客户作解说	是□ 否□
		2	完整解释空调系统的使用	是□ 否□
		3	完整解释灯光系统的使用	是□ 否□
		4	完整解释操作系统的使用(门窗、后视镜、挡位、座椅等)	是□ 否□
		5	完整解释音响系统的使用	是□ 否□
7	如何向您完整解释车的功能特性	1	详细介绍特殊卖点配置(ESP、GPS、蓝牙系统、遥控钥匙等)	是□ 否□
		2	详细介绍 ABS 作用中,制动踏板抖动现象	是□ 否□
		3	详细介绍天窗的作用	是□ 否□

续上表

序号	J. D. POWER 调查内容	序号	评核项目	是否执行
8	如何向您完整解释车所需要的保养维修内容	1	介绍保养里程	是□　否□
		2	介绍保养时间	是□　否□
		3	介绍保养地点	是□　否□
		4	免费保养项目	是□　否□
		5	打开发动机盖,介绍5油3水的检查	是□　否□
9	如何向您完整解释车的保修期和保修范围	1	利用保养保修手册,向客户解说	是□　否□
		2	介绍保修里程与保修期,视何者先到为主	是□　否□
		3	介绍品牌所提供,规定的保修地点	是□　否□
		4	解说不保修项目及短期保修项目	是□　否□
10	有没有向您介绍一位维修部门的服务代表?	1	销售顾问介绍售后相关人员	是□　否□
		2	售后人员与客户见面,交换名片	是□　否□
11	交车后,是否有人和您联系,确保您很满意?	1	交车后1周内顾客跟踪及回访(销售顾问)	是□　否□
		2	交车后2个月内顾客跟踪及回访(销售顾问)	是□　否□
		3	交车后3个月以上顾客跟踪及回访	是□　否□
12	是否有人感谢您购买/租赁该车?	1	预先告知主管交车时间	是□　否□
		2	主管到场参与并感谢客户	是□　否□
		3	交车后2周内顾客跟踪及回访(总经理致谢函)	是□　否□
		4	销售顾问是否确认准备交车时所需的工具物品(相机、鲜花、红色花球、交车识别牌、欢迎牌等物品)	是□　否□
		5	公司领导是否带领相关人员在展厅门外送别客户,直到客户开车远离消失于视野之内?	是□　否□
13	交车时,汽车油箱内是否有至少1/4的燃料?	1	检查车辆油表	是□　否□
		2	开往加油站加油或赠送油票(至少1/4油箱的油)	是□　否□
		3	交车告知顾客车辆油表位置	是□　否□
14	交车时,是否让您试开过您所购买的这部车?	1	完整解说车辆的功能特性后邀请顾客试开所购买的车辆	是□　否□
		1	销售服务店是否安排设置独立交车区?	是□　否□
		2	销售顾问是否能依照上海通用汽车规范的交车作业流程执行,且时间在45分钟以上?	是□　否□
		3	销售顾问是否根据《交车检验表》与客户逐一确认,并请客户签名确认?	是□　否□
		4	销售服务店是否举办具有特色的交车仪式?是否由公司领导亲自将钥匙交给客户,其他公司同仁列席鼓掌祝贺,并与客户合影留念?	是□　否□
		5	销售顾问是否在客户开车离开后,填写和更新《客户信息卡》?	是□　否□

七、考核

(1)不能提供试车。

(2)销售顾问立即安排您试车?

(3)销售顾问为您安排了一个10天内的试车机会?

(4)销售顾问为您安排了一个5天内的试车机会?

(5)销售顾问是否陪同您试车?

(6)如果销售顾问没有陪同您试车,销售顾问是否在试车后提供建议?是否在试用设备后提出了合理建议?

(7)销售顾问是否根据您的需求建议了能够体现车的性能和特点的试驾路线?

(8)销售顾问是否清晰详细地介绍了车辆的操控常识?是否清晰详细地介绍了设备的详细参数?

(9)试车是否在公共道路上进行(经销商的院子/停车场外)?试听在独立视听室完成(或者是销售店面内完成)。

【案例】

1.电话邀约

“×先生/小姐:恭喜您!您的爱车现在已经到店了,您看周一早晨8:30还是周二早晨8:30来提车(封闭式)?提车时您带好身份证(暂住证);交款方式有两种现金、刷卡,刷卡第一张卡免费,其余每张卡收费50元,明天的交车大概时间60min,主要分三大部分:首先是验收车辆;然后是交接文件资料;最后是试车加油。您看这样安排可以吧?您的车我已经帮您检验完了,但是明天您来的时候可以带个懂车的人,再帮您好好看看。明天您几个人来提车?”

2.交车

“×先生/小姐:您好!恭喜您成为我们的别克车主!今天我将用60min的时间来为您交车,内容主要分三大部分:首先是验收车辆;然后是交接文件资料;最后是试车加油。您看这样安排可以吗?”

3.验收车辆

带上验车表和说明书、毛巾。

4.钥匙

“×先生/小姐:随车钥匙有两把,一把是主钥匙,一把是副钥匙(凯越)。主钥匙上带有遥控而副钥匙没有(根据各车型钥匙的不同特点着重介绍其开门、关门、开行李舱、防盗等功能)。”

5.外表

“×先生/小姐:您的爱车我们已为您清洁干净,同时需加装的物品也已为您加装好,请您验收。”

6.发动机室

(1)告知客户如何开启发动机罩,平时只需检查一下五油两水(机油、方向机油、变速器油、刹车油、汽油及冷却液、雨刮液)油尺需拔出后擦干净后再放回原处,检查液面是否处于MAX与MIN之间,是为正常状态;“您看,这是车驾号,这个位置是发动机号。”

(2)“您加雨刮液时一定要用防冻专用玻璃清洗剂,切勿使用清水,否则会产生堵塞现象。”

(3)(开启发动机)“现在发动机的运作您可以听一下是否很顺畅？无任何的杂音与异响。”

(4)“在这里提醒一下您每天使用车前对发动机进行预热大概 5min 的动作,待机油流入各缸体后再开车会好很多(这还要根据不同的环境与气候而定)。”

“×先生/×小姐:这辆车的行李舱开启方式有三种(钥匙直接开启、钥匙遥控开启、车内遥控开启);行李舱的容量有×/L,内有随车工具、三角指示牌、备胎,车内带有备胎使用光盘,你一定要看一下。后座这边是 4/6 分离的,一直连通车内和行李舱,很方便的。那下面我再给您演示一下怎样更换轮胎,在整个演示的过程当中有任何问题都可以提出来”

7. 电气部分

“现在带您看一下所有的电气开关如何操作。”

(1)“灯光的开关在这(手指向开关处),您可以实操一下小灯、大灯、远光灯、近光灯、前雾灯、后雾灯、倒车灯、刹车灯、转向灯。感觉怎样？灯光效果还可以吧？跟您说明一下我们的凯越车型倒车灯只有一个。”

(2)“电动门窗的开关及电动后视镜的调节器在这,您可以操作一下(部分车型门窗有防夹功能),接下来再看一下一触式的天窗,怎样？操作起来是不是感觉很顺畅啊？还有里面的顶灯、阅读灯您都可以操作一下。”

(3)“接下来我再给您介绍一下仪表板里的各项指示灯所代表的意思(根据不同车型进行介绍)。”

(4)“您对以上的灯光与各项开关知道怎样操作了吧？现在再向您介绍一下音响和空调部分,音响的开关、音频调节、声音调节与音质的调节您可以先实操一下(一边介绍一边操作给客户看)。空调部分:制冷开关、内外循环、除雾按钮以及温度调节、风力调节、出风方式”(恒温空调再说一下手动和自动之间的转换和区别)如果不记得太清的话可参考一下简易操作手册。

8. 内饰

“您再看一下车内饰,其中包括了车内装饰条,中控台的面板以及车顶、地毯有没有划花或损坏。支架、储物盒、座椅、安全带及仪表部分是否完整无损。”

“×先生/小姐,我在带您试开一下您的爱车,再熟悉以下各项操作。”

“×先生/小姐,您还有什么疑问吗？如没有,请在交车检验单上签字确认。谢谢！财务办理相关手续:您今天带的是卡还是现金,我们到财务交一下尾款,给您开发票及上牌的手续。”

“我们这有咖啡,您在这稍坐一会,十分钟后我帮您建立客户档案。希望您配合一下!”(销售顾问开发票)

9. 交接文件资料

(1)交接文件资料。

“这是您的三连发票,合格证、交税单再加上您的身份证,这是上牌必需的手续,我给您放在档案袋里了,上面还有我的名片,需要咨询时可随时给我打电话。”

(2)说明书。

“×先生/小姐:我们先看看这本说明书的目录部分吧,这本书里面画黄线的告诫部分要记住,我们拿着说明书对照车来讲讲吧,刚才我们已经看过了车辆简易操作手册,现在来和您一起实操一下,在这个过程当中您有疑问可以提出来,先看看座椅和乘员保护系统(安全带、安全气囊等)，仪表的组合和按键的控制(指示灯和警告灯等)，驾驶车辆(应注意的一些事项和一些小窍门等)，温度控制和音响系统(空调和 CD 系统等)，着重看看紧急情况这一章(怎样更换瘪胎、牵引车辆、怎样摆脱陷车状况等)，还要更注重的是车辆的维修和保养方面(车辆保养的内容和一些注意事项)，这个在您以后的用车生涯当中息息相关，这本说明书就先浏览到这里了，如果您还有什么要了解的话，您可以致电 800-820-2020 咨询。”

(3)保修手册。

“×先生/小姐:之前和您简单说过车辆保修的相关内容，那现在我们来对照车辆保修手册讲解一下。先了解这辆车的保修期限及保修范围，我们这款车是有两年或者 60000km 的保修期限，是先到为准的，不过在这个保修期限内有一些易损件是不属于保修范围的，例如轮胎、刹车片、雨刮片，灯泡等，除了这些外，其他属于在正常使用情况下出现故障我们能够提供免费检测甚至更换的服务。另外，您的爱车可以享受一次免费保养的服务，请您在这边登记，第一次保养的时间是在 3 个月内或 3000km，保养的内容包括更换机油、机油格，大概需要您1 ~ 2h的时间，第二次保养的时间在 3 个月或 8000km 左右，以后每隔 5000km 保养一次。这里是保养内容的记录，最后面还有我们全国各地 4S 店的地址和电话，当您出差或旅游时可以为您和您的家人提供很大的方便。若您的爱车在行驶的过程当中遇到什么疑难问题，也可以拨打我们上海通用 24 小时免费服务热线 800-820-2020 咨询。最后，您在车辆保修这方面还有什么疑问吗？如果没有，那我们就看看说明书吧。

(4)简易操作手册

“×先生/小姐:这本是简易操作手册，与说明书比起来更简单易懂，查找起来更方便。它分为两大部分:一部分是简易操作，另一部分是使用小窍门。刚才我们已在车上实际操作了一遍，但为了更方便您今后的使用我针对性的再为您讲解一下仪表板内的安全提示灯光，简易操作手册中也是图文并茂的表示了，所以建议您随车携带。在使用小窍门中有省油、安全行驶、及时保养等全方位的介绍您都可以多了解些，又或许在参加我公司每月举办 次的新车主知识讲座时也可详细了解到的。”

车辆行驶中的注意事项(为了保障行驶的安全性请您在行驶中注意以下内容)

①新车在 1000km 内属磨合期，磨合期内注意控制车速在 80km/h 以下，避免长期高速或低速行驶。转数不要超过 3000 转，切忌急加速，急制动。

②行驶中，遇紧急制动 ABS 会介入，此时转向盘及制动踏板会抖动，属正常现象。请不必担心，放心使用。

③使用车辆前应先检查车况，如遇行驶中轮胎破裂，切勿急制动，应尽最大努力控制好方向，慢慢靠边，并启动危险信号灯。

10. 介绍售后

“×先生/小姐:接下来我带您去看一下我们的售后，这边是我们的业务接待大厅，您看看这里有关于车辆的保修期限和范围的说明，还有上海通用的配件价格和工时费用表，三楼是我们的顾客休息区，可以打台球、乒乓球、看电视、看报纸、饮茶等，当您在维修保养的等待期间，可以更轻松愉快的度过。我再给您介绍一下我们的业务接待吧，(这位是×先生/×小姐)他/她可以跟进您以后车辆的维修保养过程，让您以后的用车生涯更放心、更安全。请来这边再看看我们的维修车间，以后您的爱车就在这里进行维修保养了。您看看您对我们的售后还有什么需要了解的？如果没有的话，我们再来交接一下有关车辆的一些资料吧。”

经理出面表示祝贺。

“×先生/小姐:您好! 我是本展厅的展厅经理××,这是我的名片,非常感谢!”

“×先生/小姐对我们工作的支持与信赖,我们将一如既往地为您服务! 在此我很荣幸代表沈阳汇鼎的全体同仁向×先生致以最衷心的祝贺,祝您用车愉快!”

11. 加油

“×先生/小姐:同时为了感谢您对我公司的支持。我公司将赠送油箱的1/4油给您,等会试车后我会带您去加油。”

项目八　售后跟踪

一、售后跟踪服务

1. 客户关系的维护(略)

2. 提供满意的售后服务

①发出第一封感谢信的时间。

②打出第一个电话的时间。

③打出第二个电话的时间。

④不要忘了安排面访客户。

⑤每两个月安排与客户联系一次。

⑥不要忽略平常的关怀。

3. 让保有客户替你介绍新的客户

①获得客户引荐,关键是你的声誉。

②获得客户引荐,还有好的方法。

发出第一封感谢信的时间。

第一封感谢信应于客户交车的24h内发出。这样做的好处是:有可能在客户及新车尚未到家(单位)的时候,其家人(单位的同事)就已经通过这封精美的感谢信知道了。因为这封感谢信的作用,使大家不光知道了客户购车的消息,大家会恭喜他,更重要的是向大家传递了汽车销售公司或者专营店做事规范、令人满意、值得依赖的良好信息。而这个重要信息,说不定就能影响到在这群人当中的某一个成为你的潜在购车客户,即时地扩大了企业的知名度。这叫"锦上添花"。

打出第一个电话的时间:

在交车后的24h内,汽车销售公司或专营店的销售经理负责打出第一个电话。电话内容,一是感谢客户选择了其专营店并购买了汽车;二是询问客户对新车的感受,有无不明白、不会用的地方;三是询问客户对专营店、对销售人员的服务感受;四是了解员工的工作情况和客户对专营店的看法及好的建议,以便及时发现问题加以改进;五是及时处理客户的不满和投诉;六是询问新车上牌情况和是否需要协助。最后将该结果记录到《调查表》里,以便跟踪。

打出第二个电话的时间:

在交车后的7天内由售车的销售人员负责打出第二个电话。内容包括:①询问客户对新车的感受;②新车首次保养的提醒;③新车上牌情况,是否需要帮助;④如实记录客户的投诉并给予及时解决,如解决不了,则及时上报,并给客户反馈。最后将该结果记录到《调查表》里。

不要忘了安排面访客户:

可以找一个合适的时机,如客户生日、购车周年、工作顺道等去看望客户,了解车辆的使用情况,介绍公司最新的活动以及其他相关的信息。最后将面访结果记录到《调查表》里。

每两个月安排与客户联络一次:

其主要内容包括:保养提醒,客户使用情况的了解,投客户的兴趣所好,选择适当的时机与客户互动,如一起打球、钓鱼等。通过这些活动。增进友谊,变商业客户为真诚的朋友,协助解决客户的疑难问题等。最后将联系结果记录到"调查表"里,以便跟踪。

不要忽略平常的关怀:

专营店经常举办免费保养活动,经常举办汽车文化讲座和相关的活动,新车、新品上市的及时通知,天气冷热等突发事件的短信关怀;遇客户的生日或客户家人的生日及时发出祝贺,客户的爱车周年也不要忘记有创意地给予祝贺;遇到好玩的"短句"、"笑话"用E-mail或手机短信发送一下与客户分享;年终的客户联谊会别忘了邀请客户一起热闹一番,等等。

售后跟踪及客户关系维护:

1. 客户跟踪

什么是客户跟踪?为什么要进行客户跟踪?客户跟踪的目的和意义是什么?

通过对接受服务的客户进行定期进行回访,来查找工作中的失误和问题产生的原因,减少或消除客户的误解、抱怨并使客户感受到关心和尊重,从而与客户建立更牢固的关系,以增加客户的忠诚度。服务经理须制订预防纠正措施,落实预防纠正措施。

2. 客户跟踪人员的职责

询问客户是否愿意接受来电;客户维修资料的准确性电话回访。

3. 服务顾问

协助客户关系顾问处理客户的抱怨;落实整改措施和预防措施。

4. 回访对象

对在经销商处进行过的维修且同意接受回访的客户,超过一定时间未来经销商处维修过的用户进行回访。

5. 客户跟踪的对象

(1)在经销商处进行过的维修且同意接受回访的客户。

(2)侧重于客户在经销商处的感受和维修质量等方面。

(3)接受回访的客户应该是直接接受了经销商维修服务的人或者是车辆的实际车主。

(4)超过一定时间未来经销商处维修过的用户。

(5)侧重于客户为什么很长时间没有来到店里维修,从而找出客户流失的原因。

6. 客户跟踪实施的流程

(1)跟踪前的准备。

(2)制订整改措施和预防措施。

7. 客户跟踪前的准备

客户关系顾问从每天的维修委托书中或通过DMS系统挑选出需要回访的客户;利用DMS系统查询长时间没有来维修的客户;将这些客户的资料按照《客户跟踪记录表》的要求填写上去;确定需要跟踪回访的问题;确定执行这些维修回访的时间,制订跟踪回访的计划。

8. 实施跟踪

客户关系顾问按照跟踪计划实施电话回访。客户关系顾问按照预先准备的问题进行提问,并且在《跟踪记录表》上记录。

9. 客户回访时的电话技巧

(1)问候。

“您好！×企业客户关系顾问×，您是×先生/女士吗？×时您的车到我处进行过×维修，我厂（站）委托我打电话给您，对您光临我站表示感谢，如果您有时间的话，我们想对您进行电话回访？”

注意：如果客户当时没有时间或是不方便接听电话应该中断访问并约定客户方便的时间继续访问；如果客户留的是手机，询问客户是否在身边有固定电话再给客户打过去。

（2）回访中。

“您反映的问题有已经记录下来，我会转给相应的人员，你看什么时候方便，我会请他们给您打电话，您看可以吗？”

对于客户的抱怨不要进行解释，每一个问题客户只需要回答“是或否”。在《客户回访记录表》上记录回访内容。

如果在电话回访中发现客户有重大的抱怨或投诉的话，使用《维修回访投诉处理表》进行详细记录并按照投诉处理流程进行处理。

“谢谢您提出的宝贵意见，我将把您的意见很快反馈给有关部门，非常感谢您接受我们的回访，同时再次感谢您 光临我站，再见×先生/女 士！”

10. 客户回访过程中应注意的问题

（1）回访内容：客户关系顾问应根据不同的客户、不同的情况，选择“回访参考标准问题”中的相关问题进行回访，如果客户反映有其他的问题，则可填写到其他问题项目中。并详细记录客户是否满意，有何建议等回访内容。

（2）发现存在客户抱怨的《用户电话回访记录表》，应在半个工作日内递交总经理并抄报业务经理/服务经理。

（3）售后业务经理/服务经理收到《用户电话回访记录表》后应及时调查处理，并在一个工作日内回复客户。

（4）每月末根据《用户电话回访记录表》编制月报并上报总经理抄报业务经理/服务经理。

（5）售后业务经理/服务经理根据月报，制订质量分析报告和改进措施并跟踪效果。

11. 客户回访月报

经销商的客户关系顾问在填写完《客户回访记录表》之后，应在月末编制《回访月报》，对客户反映出来的问题进行汇总、统计，并及时将此《回访月报》上报给总经理、业务经理/服务经理。《用户电话回访月报表》是一个月所做客户回访的汇总，它将反映出当月客户回访的总数，各类问题回访的情况，及相关问题及时处理完成率等项指标。

本月应回访数量 实施回访数量及百分比（实施回访数量/本月应回访数量）。

对上次维修的满意度、各个问题的满意度、客户反映的比较多的问题等制订整改措施和预防措施针对《客户回访记录表》、《回访月报》和《维修回访/投诉处理表》上所反映出来的问题，各经销商的服务经理或售后业务经理应及时制订出相应的整改措施，以便最短时间内解决问题，以消除客户的抱怨。对《客户回访记录表》和《客户电话回访月报》上所反映出来的具有普遍性的问题，虽还没有生成客户的抱怨，也应制订相应的预防措施加以整改，提升服务质量，消除潜在的不合格的产生。整改措施的制订将由业务经理/服务经理、服务顾问、客户关系顾问、技术专家等相关人员共同完成。整改措施应明确整改措施的责任人和完成时间，整改措施应报经销商总经理批准，由责任人具体操做执行，业务经理/服务经理负责监督，并将执行的情况及时上报总经理。

12. 包括客户档案、客户档案、维修记录

车辆文本文件《客户购车意向表》、《新车销售合同》、《新车准备任务书》、《交车检查表》、《新车发票》复印件、《合格证》复印件、《车辆 行驶证》复印件、车辆保险等。

13. 车辆维修方面的文本文件

包括《维修委托书》、《备件出库单》、《结算单》、车辆维修检测结果等档案的保存建议是一车一档,以车牌号、VIN 号或客户姓名来进行检索或编号。

讨论:客户对企业发展有何影响?

客户关系的重要性包括目标对象、市场趋势、对企业的价值。

(1)目标对象:

①潜在客户;

②徘徊客户;

③忠诚客户。

(2)市场趋势:

①产品导向;

②市场;

③服务。

(3)对企业的价值:

①稳定有望客户;

②扩增人脉;

③增加销量及获利;

④周边利益;

⑤创造忠诚客户。

14. 客户管理制度建立

(1)客户资料内容:以顾客信息卡为主。

客户资料内容应包含:顾客名称、接洽人、使用人、经营行业或职业别、出生日期、身份证号/身份证号/公司统一编号、户籍地址与电话、通讯地址与电话、牌照号码、厂牌、车型、出厂日期、保险种类日期与保险期日。

(2)建立客户资料原则:一车一档案、同名多车多档、同一车辆不得分建两张顾客档。

(3)客户资料确认:顾客资料的建立,应具有正确完整的内容,且须经各级主管逐一核定确认并无遗漏或错误时,才可建立顾客电脑档案。

须有建立人、核实人、建档人。

15. 客户资料运用

(1)用途:关系维系、保修招揽、市场调查、满意度调查、新产品推介、配件及续保招揽。

(2)客户掌握:销售顾问或回访员定期联系客户,对资料进行更正、删除。顾客资料有异动或脱离掌握确定时,对其审核,各级主管应善尽审核责任,经确认无误再交相关人员进行档案修正、盘点、核对,每年至少进行一次全面的盘点、核对。

16. 奖惩规定

顾客资料是公司财产及机密,应尽妥善管理之责,奖励执行成交卓著者,处罚执行不力、毁损、外泄者。

17. 客户关系管理执行内容

(1)客户关系维护。

(2)客户关系维护做法:购车客户的定期跟踪、回访车主联谊活动的举办。

客户关系管理 CRM 的产生源于客户关系时代的企业需求的产生源于客户关系时代的企业需求企业间竞争的三个阶段。即产品竞争、售后服务竞争、客户资源竞争。

何谓客户关系管理?

对于企业生存和发展的意义:吸引新客户的成本是留住一个老客户的 6 倍;客户流失率每减少 2% 就相当于降低 10% 的成本;一位满意的客户会带来 8 笔潜在的生意,一位不满意的客户会影响 26 个人的购买意愿;忠诚于企业的客户每增加 5% 就可提升其利润的 25%;向新客户推销的成交机会只有 15%,但向老客户推销的成交机会却有 50%;如果事后补救得当,70% 的不满客户仍会继续与企业保持往来;80% 的业绩来自 20% 的经常惠顾的客户。何谓客户关系管理客户购买行为的变化是 CRM 产生并发展的外因,产生并发展的外因客户购买行为的变化是阶段特点消费行为影响消费的主要因素价值选择标准。

理性消费阶段:生产力不发达、产品少、客户收入少。产品的价格、质量好与坏。

感性消费阶段:生产力提高、产品多、客户收入提高。

参 考 文 献

[1] 黄红惠. 汽车营销[M]. 北京:机械工业出版社,2008.
[2] 张发明. 汽车营销实务[M]. 北京:机械工业出版社,2009.
[3] 宋夏云. 陈庆保,余朝晖. 汽车营销实务[M]. 上海:上海交通大学出版社,2009.